U0221000

逯耀东 著

寒夜客来

中国饮食文化
散记之二

生活·讀書·新知 三联书店

著作财产权人：ⓒ 三民书局股份有限公司

本著作中文简体字版由三民书局股份有限公司许可生活·读书·新知三联书店
有限公司在中国大陆地区发行、散布与贩售。

版权所有，未经著作财产权人书面许可，禁止对本著作之任何部分以电子、机
械、影印、录音或任何其他地方复制、转载或散播。

图书在版编目（CIP）数据

寒夜客来：中国饮食文化散记之二／逯耀东著 . —3 版 . —北京：
生活·读书·新知三联书店，2021.4
  ISBN 978 - 7 - 108 - 06910 - 8

  Ⅰ . ①寒⋯　Ⅱ . ①逯⋯　Ⅲ . ①饮食－文化－中国
Ⅳ . ① TS971

中国版本图书馆 CIP 数据核字（2020）第 134728 号

责任编辑　赵庆丰
装帧设计　薛　宇
责任校对　曹秋月
责任印制　张雅丽
出版发行　**生活·讀書·新知** 三联书店
　　　　　（北京市东城区美术馆东街 22 号 100010）
网　　址　www.sdxjpc.com
经　　销　新华书店
印　　刷　河北鹏润印刷有限公司
版　　次　2021 年 4 月北京第 3 版
　　　　　2021 年 4 月北京第 1 次印刷
开　　本　787 毫米×1092 毫米　1/32　印张 9.75
字　　数　186 千字　图 16 幅
印　　数　0,001 - 6,000 册
定　　价　49.00 元

（印装查询：01064002715；邮购查询：01084010542）

目　录

1

饮食境界（代序）

去年五月，此间嘈杂难耐，出外避静，到苏州住了三四个月。苏州不是我的故乡，却是我年少生活的地方，有些青杏年纪跌落的梦可供捡拾。当年一路南来，北寺塔的塔影，虎丘山的斜阳；沧浪亭的月色，玄妙观的灯光，常在记忆里旋回。

所以，这些年到大陆行走，苏州是我去得最多的地方，但终是蜻蜓点水的逗留，旅寓灯下弹尘，还来不及取出行囊里裹存的旧事，鸡鸣又是天涯。这次重临，有较长时间居停，可以在这城里寻寻觅觅了。

但待我驻足凝神四顾，才发现我熟悉的城里变了模样，套句现成话说，旧貌换新颜了。小桥流水的枕河人家，没了。柳翳夕照的深宅长巷，翻了。代而兴的是车塞人拥的沓杂和喧嚣，数百年积聚的悠闲和宁静，已无迹可寻了。景物如此，人事也非。旧时的玩伴星散，更相见白发苍然似我，却有深重的沧桑，不愿说更不忍问。春日城头放风筝的欢笑，秋来天平踩枫叶的放歌，都黯然无痕了。于是这个熟悉

1

的城里突然变得陌生了，我仍然是一个踽踽而行的过客。

所幸尚有舌间依稀的记忆可以回味。我自来拙于言，既不能逞口舌之快，更不会巧言令色。所谓舌间回忆，似陆游所谓"悠然一饱自笑愚，顾为口腹劳形躯。"自幼嘴馋，及长更甚。周游行四处，遍尝不同的苦辣酸甜，不同的滋味自舌间滑落，留存在记忆里，多年后回味，依然新鲜。也许这是我过人的长处，拙荆尝言，你读书若此，成就非凡。我笑说仅此一道，就够吃遍四方了。

当初开放，我在香港教书，不少同事前往挂钩，归来问我，何时启程？我笑说不急，待内地小吃成市时。这是实话，折腾多年，如今终于囤有余粮，大锅换小灶，有口安生饭吃了。如果再有闲钱闲情吃点小吃，日子就可凑合过了。中国人民原来本分，奢求不高。

虽然人饿了就得吃，这是天经地义的事，但吃得饱和吃得好是两码事，其间有个过程，更且有转折。从架上取出一册《中国菜谱》，翻开第一页就是《语录》，写着："我们必须继承文学艺术遗产，批评地吸取其有益的东西。"然后《前言》说，广大的烹饪职工必须抓革命，促生产，提高服务的质量，更好地为工农兵群众服务，为巩固无产阶级专政服务。革命管得真宽，包括人民吃的。

事实如此，三面红旗招展时，香港满街都是"千里送鹅毛"的油粮店，专门向内地亲友寄油粮票，人民的吃真成了问题。现在革命过去，猫要抓耗子了，但首先要解决的还是人民吃的问题。关于这个问题，《中国菜谱》引的《语录》已有暗示，将饮食烹饪与文学艺术等量齐观，同样是文化遗产的一部分。既为文化遗产，就有其承传性。饮食文化是社会生活的积累，和革命完全不同，过去与现在，是不能一刀两切的。

其实《中国菜谱》是一套朴实而不浮华的食单，分地分册出版，一些被遗忘已久的菜肴又重现了。不过这套菜谱，不是比葫芦画瓢用的，专供烹饪职工交流经验与参考。烹饪职工闲置已久，现在可以磨净刀铲，涮清案俎，新的饮食市场将出现了。果然不久，各地的美食代表团纷纷到香港献艺，菜肴虽华而不实，但价甚高昂，非我可以染指。心想如今内地大概有得吃，我可以整装准备登程了。

于是，我开始到内地行走，头三四年间，去了三十几趟，从南到北，由东往西，走了不少地方。但说来惭愧，既非探幽揽胜，也不是探亲访故，更没有学术交流，只是闲步市井，四下觅食。不过，吃的不是珍馐美味，只是平常百姓的小吃。各地不同风味的小吃，表现不同地方人民的生活习惯，经长久时间的变化，有不同的风格和面貌，同时也可以考察这个社会变迁的痕迹。这也是我杵于街边，蹲于廊下，乐此不疲吃小吃的原因。不仅品尝不同的风味，也体验了各地人民的生活。

首先去了江南，那是我熟悉的地方，还有些旧时味的记忆。归来草成《从城隍庙吃到夫子庙》，除了些微重临故土的轻喟，都是旧味新尝的纪实。以后又去了其他地方，也写下一些饮食的随笔。但不到二十年的工夫，现在看起来，那时吃的，已嫌粗糙。虽然饮食没有新旧之分，却有社会变迁的转换。尤其饮食生活经过一段停滞之后，再重新出发，其间出现了一个断层，需要一段时间填补。作为一个饮食文化与历史工作者，在探访观察与品尝以后，留下一份过渡期间的饮食资料。

这个饮食的断层事实是存在的。但由于后来城市经济发展，社会迅速转变，这个饮食的断层来不及填补，就向前飞跃了。使得饮食发展的过去与现代之间，距离增大。城市经济发展促使人口流动，内外旅客跟着观光导游的小旗走，除了走马看花，剩下的就是吃了。于是八方滋味混同，似是而非，却没有准头。另一方面，城市经济发展到一定程度，外食人口增加，外来的速食文化乘机渗入，来势汹汹，色彩缤纷的商旗，遮蔽了红旗。两块面包夹牛肉饼的味道，影响的层面，甚于"五四"。城市经济发展过程中，出现了畸形的现象，贫富距离拉大，腰缠万贯的豪富，想吃却不会吃，只有吃"阿堵物"。阿堵物是钱的另一种称谓，一席酒宴，岂仅平常人家数年粮。于是城市饮食时时创新，新潮迭起，但却没根没梢。精美的菜肴像一出精彩的戏，最初虽起于平常，历经名家千锤百炼，流传至今，是不能胡弹乱唱离谱的。

这种情形同样感染了苏州。苏州自来是个消闲的城市，咸中带甜，甜里蕴鲜的饮食习惯，自成一格。菜肴糕团与小吃，出自世家或书香门第，雅致精巧，自有渊源。虽然，我年少时在苏州生活的时间不长，却留下的印象甚深。这次重临，为的是寻觅舌间留存的记忆。所以坚持品尝姑苏菜肴与面点，却已非旧时味了。最令人难堪的，著名的姑苏传统老店菜单上，竟出现毛血旺一味，这是以黄豆芽作底，内加毛肚与鸡鸭血和花椒的汤菜，上面浮着一层红油，味虽不殊，但和回锅肉一样，同属川味。没想到这些年川味四下流窜，甚是霸道。姑苏菜肴出现麻辣且偏咸，以往的格调尽失。后来我见到陆文夫，这位以撰写《美食家》扬名的作家，维护苏州饮食的传统不遗余力，且开了家"老苏州菜馆"宣扬姑苏风味。"老苏州"也阻挡不了潮流，两年前歇业了。陆文夫黯然说："世道变得太快，没有什么可吃了。"这是我和陆文夫的初会，也是最后一面，不久以后，他就抱憾而终了。

如今，不是没有什么可吃的，和过去相较，不仅吃得好也吃得巧，而且吃得更奢华，只是没有往日的饮食境界了。所谓饮食境界，是由环境、气氛和心境形成的饮食情趣和品味。和饮食的精粗无关，也不是灯火辉煌、杯盘交错的宾主尽欢。

杜甫《赠卫八处士》云："……儿女罗酒浆。夜雨剪春韭，新炊间黄粱。主称会面难，一举累十觞。十觞亦不醉，感子故意长。明日隔山岳，世事两茫茫。"在一个春雨绵绵的晚上，历经离乱漂泊的杜甫，来到卫八卜居的山村，他们已经二十年没见了。堂上灯前相见，才惊觉当年彼此还少壮，如今鬓发都苍然了。当时主人尚未娶，现下儿女已成行。主人嘱儿女备酒饭，山村无所供，仅有一味园圃现采的春韭，和一钵刚出锅的小黄米饭。于是两位久别重逢的老友，把肩相看，开怀畅饮，细说别后沧桑，感慨故人多已逝，世事难料。案上烛火摇曳，堂外细雨淅淅，真不知今夕是何夕了。这是一种饮食的境界。

宋人杜耒《寒夜》有"寒夜客来茶当酒，竹炉汤沸火初红"之句。寒夜朔风，拥被难眠，突有故人到访，披衣而起，倒屣相迎。然厨下无余肴，柜中无陈酿，于是铲雪融水，发火煮茶。茅舍外雪压寒枝悄然自坠，竹炉里松炭星火四溅有声，釜中茶汤鱼眼乍现，此时风宁月朗，更有数点疏梅映窗，又是另一种境界。

那年下中州，又去长安。晚饭后，独自招车驱往夜市。夜市灯火依旧，只是有许多摊位改营港式海鲜，不知什么时候西安人也转换了口味。这才想起中午朋友请客，竟上了龙虾三吃，真是盛情可感。不过，我思念的还是菊花鱼、温烩腰丝……最后在一个清真摊子前站住，当炉的伙计喊道："老师傅棚里坐。"于是，进得棚来，捡了张桌子，在小矮板凳上坐定，唤了碗丸子汤，几串烤羊肉，一盘驴钱肉，一大杯透心凉的冰啤酒，慢慢啜饮起来。突然临座歌声唱起，我抬头看见一个头缠黄巾，身着淡蓝色秧歌装的卖唱者，正在唱"走西口"。那汉子嗓音高亢而凄婉，棚里嘈杂声顿时静下来。探头棚外，一阵风来，浮云掩皓月，月色朦胧。回首棚内，客人渐渐散去，夜已深沉。我又续了一杯冰啤酒，深深饮了一口，真不知自己是过客，还是夜归人了。

逯耀东序于台北糊涂斋
二〇〇五年十一月

烧猪与挂炉鸭子

我有个朋友在乡下养猪，有个时期饲料价昂而猪肉贱。于是，他将下地不久的小猪，宰后烧烤了分享亲朋，这是名副其实的烧乳猪了。只是每次都是皮焦而不脆，肉软软的一包水，不能成形。

烧乳猪是现在粤菜馆的绝活，酒筵中往往原只上桌，眼中还镶着两只小灯泡，一闪一亮地映着色泽红亮的小乳猪，煞是好看。乳猪的皮烤得酥松，入口即化。皮啖尽后撤盘。然后将肉拼成原形再上，肉嫩滑可口，剩下的打包带回，与干贝煮粥，味至鲜美。过去香港粉岭阿郭家的烧乳猪极佳，用的是新界农家饲养的小猪，现烧现吃。有次我到烤房看看，上叉的乳猪依墙罗列，待风干后上炉。烧乳猪腌制后脱水，是一个重要步骤。我那朋友少了这个过程，结果神不似貌也不像。烧乳猪程序繁复，上炉烧制需要特殊技巧。所以，大陆上有烧乳猪的特级厨师，不是一般人所能做的。想吃只有下馆子，不能吃整只，来碗乳猪饭亦可解馋。不过，烧乳猪得趁热吃，凉了如啃橡片，甚于嚼蜡。所以，袁枚

1

《随园食单》说烧小猪，"酥为上，脆次之，硬斯下矣！"原因在此。

川菜有烤方一味，制法与烧乳猪相似，也只吃皮。肉撤回切片，以郫县豆瓣，约加醪糟，与蒜薹同炒，即成回锅肉。回锅肉每家川菜馆都会做，但能将肉片炒得片片似灯碗、闪着红红的油光，就非易事。另剩下的肉片可制连锅汤，伴调好的红油蒜泥同上，是蒜泥白肉另一吃法。这是烤方的一菜四吃。广东的烧乳猪，北京称烤小猪，烧烤乳猪的制法统称为炙。炙常与脍合用，即是"脍炙人口"。不过，炙与脍是两种不同的烹饪技巧，在中国饮食文化发展过程中，长久存在，直到现在仍然在使用着。

炙，是人类开始用火后，首先出现的烹饪方法。《说文》解释炙，从肉，置火上，是炙肉的意思。炙肉，就是将肉放置在火上烧烤。《诗经》有"有兔斯首，炮之燔之……有兔斯首，燔之炙之"之句，道出了炮、燔、炙三种不同烧兔子的方法。这三种方法据毛注的解释："毛曰炮，加火曰燔，炕火曰炙。"也就是用泥裹起来烧称炮，连毛带皮投入火中烧称燔，举在火上烧称炙。这三种将食物烧熟的方法，总称为炙。对炙，孔安国有较具体的解释："以物贯之，而举于火上炙之。"事实上，炙字的字形，像一块肉悬在火上，已说明了这种烹饪的形式。最明显的例子是羔字。羔在甲骨文字成⊕或⊥⊥，象征一只羊在火上烧烤。《说文》解释羔字，也是像火上炙羊，并且说炙烤之羊宜幼宜嫩，故小羊曰羔。

食物不经其他媒介，直接放置火中或火上烧或烤，是人类熟食的开始。中国熟食相传始于燧人氏。《风俗通义》说："燧人氏始钻木取火、炮生为熟，令人无复腹疾，有异于禽兽。"也就是说燧人氏教人钻木取火之前，先民还停滞在茹毛饮血的阶段。往后开始熟食，由此进入文明。不过，钻木取火是一种人工取火的方法。但人工取火的方法，出现的时间并不长，距今约三万年的"山顶洞人时期"才开始的。前此，用的是取自山林的自然火。而且对自然火的应用，继续了很长的一段时间，可能有一百几十万年之久。因为在云南元谋人的遗址中，已发现有用火的痕迹。五十万年前北京人居住的洞穴里，更保存了许多燔炙的资料。北京人居住洞穴的堆积物计分十三层，其中四、八、九等三层属灰烬层，是燔炙留下的遗迹。灰烬层除了有炭粒和烧过的石头外，还有燔炙遗留下的鹿、鼠和鸟类的骨骸。可以证明北京人已经用燔炙进行熟食了。所以，在山顶洞时期以前，燔炙的烹饪方法已进行了一段很长的时间。我们是世界上最早吃烧肉的民族。

记得幼时读一篇培根写的烧猪文章。大概是这样的，他说当山林大火熄灭后，中国人在燃烧过的灰烬中，找到了一只烧熟的猪，一尝味道远胜活剥生吞。于是中国人就开始吃烧猪了。虽然这篇文章调侃中国人吃猪肉，但却也道出燔炙之法的由来。不过，还有一种可能，就是先民们将山林火苗，带回他们居住的洞穴，大家围着火进食或取暖，或者不小心将一块肉跌落在火里，后来又在灰烬里找到这块肉，味道比生肉好吃得多。从茹毛饮血到燔炙熟食，不仅是饮食习惯，也是文化发展的突破。前此，如《韩非子》所说上古之世，"民食果蓏、蚌蛤，腥臊恶臭而伤害腹胃，民多疾病。"但自熟食之后，消化过程缩短、营养容易吸收，使北京人的脑容量增加，超过与人类接近的黑猩猩一倍半，这是"人异于禽兽"一个很重要的原因。所以，火不仅为人类带来光明与温暖，并且教人熟食，由熟食开始，渐渐向文明的领域过渡。

我们的先民由发现火而用火，由用火而燔炙熟食，维持了很长久的时间。直到六千年前新石器时期的后期，由于会贮存火种，火的应用较以往方便，才突破单调的燔炙饮食习惯，出现了多种新的烹饪方法。在半坡文化遗址中，半坡人所居住的房子有炉坑的设备。炉坑的用途除了取暖外，重要的功用还是烹饪。这种坑炉还有一个功能是贮存火种。坑炉两灶相连，灶膛相通。一灶入柴、一灶出火，出火的那个灶膛，并可兼留火种。甲骨文有𤇍字，从门从火，即闵字。《集韵》解释闵字，说像贮火种的样子。这个字可能由半坡的炉坑引申而来的。由于贮存火种，火的应用较以往方便，另一方面由于陶器的普遍使用，可以以水为媒体将食物炊熟。于是烹饪的技术突破了过去的燔炙，有了多样化的变化。

在半坡遗址中发现了许多陶器，如碗、碟、罐、盆等。

这些陶制的器皿都和烹饪有关。其中最特殊的是尖底瓶，瓶近中处有两耳，可系绳索提携，是半坡居民往河中取水的器皿。尖底瓶在河中取水时，因为水的浮力使瓶口向前倾斜、待水灌满后自然垂直向下，是非常合乎力学原理的。由尖底瓶汲水，可知半坡居民除了燔炙外，又多了煮和烩两种不同的烹饪技术。半坡居民将小米、蔬菜与肉类等，置于陶罐或陶盆中，添水加盖以猛火煮熟。这种以陶器隔火，运用水为媒介导热的烹饪方法，可以将带骨头的肉块煮得烂透，并且还有汤汁可饮，内容比单调的燔炙丰富得多。

当煮肉或菜的火熄灭后，利用余烬将食物经长时间的烹制直到酥烂为止，称之为煨，煨的特点是汤汁浓肥。半坡居民用这种方法烹牛羊肉。当时的牛多是狩猎而获的野牛，羊则是圈养的。羊可能是当时最易得而且美味的食物。所以，后来造字凡美味或吉祥的字都从羊。不过羊肉比较膻腥，于是将挖回的茴香同煨，可去膻腥，这是用作料之始。

除了煨，烩也是煮的副产品。半坡居民将煮熟的肉，与挖回或自种的菜蔬同烹，称之为烩。烩是两种以上的材料共烹，现在的烩三鲜、烩两鸡丝、全家福都是烩菜。将吃剩的菜肴烩在一起，称为菜楂。过去扬名四海的李（鸿章）公杂碎，即由此而来。将吃剩的豆瓣鲜鱼与红白豆腐回烧，也是烩。由煨、烩后来又发展出炖、焖。炖与焖都是火工菜，制作过程稍有不同。炖是清汤原形，如清炖鸡、清汤大乌参等。粤菜隔水蒸称炖，如炖蛋、花胶北菇炖凤爪，那是另外一称。而焖菜则是将材料切几何块，过油炸成半成品，加酱或糖色烹制而成，焖后以不碎为佳，如黄焖鸡、元焖肉、油焖笋等属之。这些烹饪方法都是以水为媒介形成的，也是人类使用燔炙以来，中国饮食发展的新里程碑。

俗语说水火不兼容，但就烹饪而言，水火不仅兼容而且相济。水火相济是中国饮食的基本条件。《吕氏春秋·本味》篇是最早的中国饮食理论，就说："凡味之本，水最为始；五味三材，九沸九变，火为之纪，时疾时徐，灭腥去臊除膻，必以其胜，无失其理。"这是烹饪的基本原理。食物透过水的媒介为导体，配合了火的疾徐，可以调治美味的菜肴。所谓火的疾徐，也就是一般说的火候。周代王廷中有专门负责火候的亨人，《周礼·天官》说："亨人掌共鼎镬，以给水火之齐。"孔子也说"失饪不食"。失饪就是火候未到或过火。所以，火候是烹饪得失的关键所在。唐段成式《酉阳杂俎》说："无物不堪吃，唯在火候。"东坡肉烹调的要诀，苏东坡自己说首在火候："慢着火，少着水，火候足时它自美。"所谓火候也就是水火相济，配合得恰到好处。袁枚的《随园食单》，首列须知单，共二十条烹饪须知，火候即其中之一："熟物之法，最重火候。有须武火者，煎炒是也；火弱则物疲矣。有须文火者，煨煮是也；火猛则物枯矣。"并且说："道人以丹成九转为仙，儒家以无过不及为中。司厨者，能知火候而谨伺之，则几于道矣。"由此可知火候的重要了。

半坡居民用水煮制食物，使食物的内容与烹饪技术有了多元化的变化。但有长久历史渊源的燔炙法，不仅没有被淘汰，仍然继续存在并且有新的变化与发展。皇甫谧《帝王世纪》载："纣宫九市，车行酒，马行炙。"说明肉类的炙品仍是殷商宫廷主要佳肴。周代宫廷御食八珍中，肝膋、炮牂、炮豚都是经过炙制的食品。炮牂、炮豚都是浑只烹制，今日的烧猪即渊源于此，但制作的过程却复杂得多。据《礼记·内则》记载，将猪、羊割杀后，去其内脏，填入枣子，以簟席将猪羊包裹起来，外涂上一层和草的泥，置于猛火中烧，即为之炮。烧妥后，去其外壳，揩去皮上的薄膜。再以调成糊状的稻米粉涂抹猪羊全身，置于膏油锅中煎烧，锅中的膏油以没猪羊为度。然后将煎烧妥的猪羊并调料，置于小鼎中。再将小鼎放入大鼎内，注沸汤于大鼎，然汤不可没小鼎，如此烧三天三夜，取出后，调以醋与肉酱食之。炮豚制作有炮、炸、炖三个过程，而炮都是主要的程序。

春秋以后，炙品仍是各国王廷的珍品，《风土记》有一段吴王阖闾的女儿，为了与阖闾争食鱼炙不得，怨恚而死的故事。《韩非子·内储说下》篇有一段记载："文公之时，宰臣上炙而发绕之。文公召宰人而谯之曰：汝欲寡人哽耶？奚为以发绕炙！宰人顿首再拜曰：臣有死罪三：援砺砥刀，利犹干将也，切肉肉断而发不断，臣之罪一也。援锥贯脔而不见发，臣之罪二也。奉炽炉炭，肉尽赤红，炙熟而发不焦，臣之罪三也。"宰人所谓的三罪，正是当时炙肉的三个步骤，

7

即一以刀切胾，二援锥贯胾，三在炽烈的炭火上炙熟。这种以锥贯胾的炙烤方法，是炙肉的标准方法。汉代朱鲔石室图与孝堂山墓道石刻，非常生动地描绘当时炙肉的情形，画的是一个人跪在地上，一手执用焊子贯实的肉串，另一手执扇子作煽火状，在火炉上烤炙。另一幅则是两人执肉串，相对而炙。

汉唐时期，炙肉一直是贵族人家嗜食肴品。《西京杂记》说，汉高祖朝夕以炙鹿肝或炙牛肝下酒。上行下效，炙品成为仕宦富豪人家流行的佳肴。马王堆汉墓出土的文物中，有两卷随葬食物的清单。在随葬的众多的食物简中，有牛炙、鹿炙、豕炙、鸡炙、犬肝炙、牛脊炙各一笥。笥是竹子编织的箱子。魏晋之后食炙之风仍盛，如周伯仁请王羲之吃牛心炙，王济将王恺的一只八百里快牛下炙，等等。并且雇专人"行炙"，也就是专门负责燔烧炙品。《晋书·顾荣传》称："荣与同僚宴饮，见执炙者貌状不凡，有欲炙之色，荣割炙啖之。"北魏贾思勰的《齐民要术》虽然是一部"资生之业，靡不毕书"的农书，其卷八卷九保留了大批汉晋以来，黄河流域中下游的大批烹饪资料。炙法有专篇，记录了炙豚、脯炙、炙蛎、肝炙、炙肫法等等二十二种燔炙法。炙豚就是现在的烧乳猪：

用乳下豚极肥者，貜、牸俱得。挦治一如煮法，揩洗、刮削，令极净。小开腹，去五藏，又净洗，以茅茹腹令满，柞木穿，缓火遥炙，急转勿住（转常便匝，不匝则偏焦也）。清酒数涂以发色（色足便止）。取新猪膏极白净者，涂拭勿住。若无新猪膏，净麻油亦得，色同琥珀，又类真金。入口则消，状若凌雪，含浆膏润，特异凡常也。

炙豚列炙法第一，不仅对制作过程作了详尽的叙述，同时在制成后的色味香也有具体的描绘。在旧食谱中谈到烧乳猪的不多，只有袁枚《随园食单》有烧小猪一味：

> 小猪一个，六七斤重者，钳毛去秽，叉上炭火炙之。要四面齐到，以深黄色为度。皮上慢慢以奶酥油涂之，屡涂屡炙。食时酥为上，脆次之，硬斯下矣。旗人有单用酒、秋油蒸者，亦惟吾家龙文弟，颇得其法。

制作方法与《齐民要术》的炙豚相似。文中说到"旗人单用酒、秋油蒸"，旗人也就是满人。满洲人是个吃猪肉的民族。自肃慎人起，他们除渔猎之外，已重视养猪。史称肃慎人"多畜猪，食其肉"。不仅"食其肉"而且"衣其皮"。至今东北人还喜欢吃白肉血肠酸白菜火锅，是满洲饮食文化的遗痕。所谓"血肠"与"白肉"都是祭祀的产物。满洲人信萨满教，在祭祀过程中，以猪为牺牲。祭祀吃的猪肉称"福肉"，是清水煮猪肉，不加酱盐，以示虔诚。至于"血肠"，据《满洲祭神祭天典礼·仪注篇》载，在萨满祭祀过程中，

"司俎满洲一人，进于高桌前，屈一膝跪，灌血于肠，亦煮锅内。"这是血肠的由来。所以卖白肉的都有血肠，过去沈阳大东门里的"那家馆"专售此味。"九一八"事变后，"那家馆"迁到北京，在西单北大街开业，后改"辽阳春"。另外北京的"砂锅居"亦营此味。

满洲人既然欢喜吃猪肉，因而有了"全猪宴"，清何刚德《春明梦录·客座偶谈》说："满人祭神……未明而祭，祭以全豕去皮而蒸。黎明时，客集于堂，以方桌面列炕上，客皆登炕坐。席面排糖蒜韭菜末，中置白片肉一盘，连递而上，不计盘数，以食饱为度。旁有肺、肠数种，皆白煮，不下盐豉。末后有白肉末一盘、白汤一碗。即以下老米饭者。""名震京都三百载，味压华北白肉香"的"砂锅居"，也售全猪席。"砂锅居"开业于乾隆六年二月初一，原址是定安亲王府邸门外的更房。定安亲王是乾隆的长子，王府的打更人开了这个买卖，就请御膳房与王府的司厨为他们煮肉。煮肉的锅据说是一口明代传下来煮肉的大砂锅。煮的肉味道极佳，故名。在清代，砂锅居每天只宰王府供应的猪一口，"砂锅居"的煮肉，肉白似雪，片薄若纸，腴美不腻，冷热均宜。过午就售清，收了幌子。故当时有"缸瓦市中吃白肉，日当才出云已迟"之句。北京民间流行的一句歇后语："砂锅居的幌子——过午不候"，就是这样来的。幌子即市招。

"砂锅居"的全猪宴全是煮肉，是满洲人传统制法。不过除了白煮，燔炙也是满洲人烹治猪肉的方法。这种方法入关后仍然保持。徐珂《清稗类钞·饮食类》载有"烧烤席"，说这是一种满汉混合大席，席中除了有燕窝、鱼翅外，"必用烧猪、烧方，皆以全体烧之。酒三巡，则进烧猪，膳夫、仆人皆衣礼服入。膳夫奉以待，仆人解所佩之小刀脔割之，盛于器。屈一膝，献首座之专客。专客起箸，箸座者始从而尝之，典至隆也。"这类烧猪的饮食习惯，一直保存在清朝的宫廷中。清宫肴膳房设有饭局、点心局、荤局、素局外，还有个包啥局。是专门负责内廷的烧烤。"包啥局"是满洲语，下酒的意思。宫廷宴会一定有烧烤菜肴，多是挂炉猪、挂炉鸭，制成后片皮上席，称为"片盘两品"。康熙接见俄国使节时，就赐烤鸭、乳猪、肥羊肉。雍正四年十月初一，雍正与其嫔妃的御膳，除了正常的供奉外，还添了烤炙的小猪六口。煮和烧都是满洲人的饮食习惯。所以袁枚说"满菜多烧煮"，其原因在此。只是满汉的口味不同，用料也不一样。

不过，清宫吃烧小猪的饮食习惯，到乾隆时约有改变。乾隆欢喜吃挂炉鸭子。据故宫《玉台照常底膳》的资料，仅乾隆二十六年三月初五至十七日的十三天中，乾隆就吃了六次挂炉鸭子。后来乾隆下江南，据乾隆三十年的《江南节次照常膳底档》，从正月十七日至正月二十五日间，在各个行宫中所用的御膳膳单中多有挂炉鸭子。如十七日在黄新庄行宫的晚膳中，有挂炉鸭子晾坯子一品，挂炉鸭子咸肉一品；十八日在涿州行宫进早膳，有燕窝肥鸡挂炉鸭子意热锅一品。十九日在紫泉行宫进早膳，有挂炉鸭子塞勒卷攒一品。二十一日在思贤村行宫进早膳，有燕窝肥鸡挂炉鸭子意热锅一品。又在太平庄行宫晚膳，有火熏鸭子一品。二十二日在红杏园行宫进晚膳，有挂炉鸭子挂炉肉炖白菜一品，二十四日在新庄行宫进早膳，有燕窝肥鸡挂炉鸭子一品。二十五日在德州恩泉行宫进早膳，有冬笋烹挂炉鸭丝肘子丝鸡蛋丝一品。

乾隆欢喜吃挂炉鸭子，不仅在宫里，即使在下江南的行宫里也备有烤炉，供应挂炉鸭子。挂炉鸭子与烧小猪的方法相同，都是烧炙而成的。清宫的烧炙用砖砌的烤炉，灶炉前拱门，灶里三面都有灶架，将准备烤制的猪或鸭，挂入灶膛内的炉架上。灶内以枣木、梨木或桃木为燃料。这些燃料燃着后无烟且旺。烤时烤鸭师傅要用吊竿规律地换鸭子的位置，以便将鸭子周身都烤到。但鸭子不能直接接触旺火，火大了鸭子全焦，火小鸭子不酥，必须掌握恰当的火候才能做到。烤出的鸭子皮酥脆，肉香嫩。油脂多已流出，肥而不腻，又有果木的香味。挂炉烧烤可见明火，又称为"明炉烧烤"，后来北京"全聚德"的烤鸭，就采用了清宫的烤炙方式。

和明炉相对的是"焖炉"，与明炉的烤炙方式不同。其特点是鸭子不见明火，是先将燃料在炉内燃烧，待烤炉墙受热到一定温度后，将火熄灭，然后用叉子叉好的鸭子置于烤炉中，最后关闭炉门，全凭炉墙的热力将鸭子烘熟，中间不启炉门，不转动鸭身，一气呵成。因此，烧炉是焖炉烤鸭成败的关键，炉烧过了头鸭子入炉即煳，时间不够鸭子又会夹生。在烤炙的过程中，灶炉的温度由高而低渐渐下降，火文而不烈受热均匀，油的流失量小，制成的烤鸭外皮酥脆，而鸭肉一咬流汁。由于这种烤鸭不见明火，故称"焖炉烤鸭"。北京的"焖炉烤鸭"出自明代宫廷。相传是民间的"金陵片皮鸭"传入宫后，经一位御厨改良焖炉与制法，后来成祖北迁带到北方，然后再传到民间。所以，焖炉烤鸭又称"南炉鸭"。"秦淮残梦忆繁华""废馆颓楼梦旧家"的曹雪芹，嗜爱江南佳馔，当他困居北京西郊写《红楼梦》的时候，曾开玩笑地说："若有人欲快读我书不难，唯以南酒烧鸭享我，我即为之作书。"南酒是绍兴花雕，烧鸭就是"金陵片皮鸭"。在宣武门外米市胡同的"老便宜坊"，相传是退休吏部尚书何三大人，在明末清初时所创，是北京最早的烤鸭店，专售明宫廷传出的焖炉烤鸭。前门挂着一横两竖的三块匾，竖的写着"闻香下马，知味停车"，横的是招牌，上写着"金陵老便宜坊"，他们卖的是"南炉鸭"。

中国人吃鸭子的习惯，由来已久。《礼记·内则》就有"勿食舒凫翠"，也就是吃鸭子不要吃鸭尾臊。凫是野鸭子，家里驯养的鸭子则称鹜。而且对鸭子有许多不同的烹调方法。汉马王堆一号墓陪葬的食品中，就有一竹笥子熬鸭子。《齐民要术》有饲养鸭子的方法，还有一味"腩炙"，那是将鸭子去骨切块，用各种作料腌渍后，在火上炙烧而成的，已经吃得很讲究了，但却不是挂炉鸭子。宋周密《武林旧事》卷六《食市》，吴自牧《梦粱录》卷十六"分茶酒店"条下，载当时临安食市酒馆有炙鸡鸭出售，但没有制法，可能是汴京的爊鸭，案孟老元《东京梦华录》卷之二"饮食果子"条有爊鸭，也没有制法。照字面解释爊同爊，爊的本意是放置灰里煨烤，和挂炉鸭子的制作方法是不同的。

元宫廷御医忽思慧的《饮膳正要》，记载宫中食补之方，其中有"烧鸭子"一方。即鸭子一只去毛、去肠肚、洗净。羊肚一个，退洗干净，包鸭。葱二两、芫荽末一两，用盐同调，放入鸭腹内，烧之。这种烧鸭子用羊肚裹包而烧之当然不是挂炉鸭子的制法。当时食市也有烧鸭子出售。郑廷玉《看钱奴买冤家债主》一剧中，有一折贾员外吃烧鸭子的戏。写贾员外想吃烧鸭子，又舍不得买，在街上铺子里看到油汪汪的烧鸭子怪馋人的。于是偷偷用手捋了一把，五个手指头沾满鸭油，回去舔着四只手指吃了四碗饭。剩下的一只想留到晚饭时再用，他吃饱饭就睡了。没想到在酣睡之时，一只狗将他那只沾了鸭油的指头舔了个精光，贾员外一怒之下，一病不起便呜呼了。从这折戏可以知道，当时的中原，街上已有烧鸭店专卖烧鸭子，但却不知这种烧鸭子，是不是后来的挂炉鸭子。

不过，《金瓶梅》却有不少地方提到烧鸭子，如三十五回的"一坛金华酒，两只烧鸭"，三十六回的"四只烧鸭，两条烧鱼"，五十三回的"一只烧鸭，两只鸡"，以及六十二回的一盒螃蟹，"并两只炉烧鸭"。这些烧鸭子是送礼或请客用的。烧鸭子与金华酒相提并论，金华酒也是曹雪芹嗜饮的"南酒"。烧鸭子又称炉烧鸭，也是曹雪芹欢喜吃的"南炉鸭"。这种焖炉烧烤的金陵片皮鸭，北传到明代中叶以后，不仅流行于京师，而且成为中原士绅嗜食之物了。片皮鸭出自金陵不是没有原因的。因为江淮水乡多湖泊，港汊综错，宜于饲鸭，而且食鸭的经验丰富，到现在南京板鸭与桂花盐水鸭，苏州的八宝船鸭，扬州的三套鸭与叉烤鸭都是著名的佳肴。其中叉烤鸭就是片皮鸭另一种制法。明弘治年间宋诩的《宋氏养生部》，有"炙鸭"一味："用肥者，全体，漉汁中烹熟，将熟油沃，架而炙之。"可能是片皮鸭的雏形。宋诩是江苏松江人，其母善烹饪，随其父游宦京师，又在江南数地任职，因此"遍识四方五味之所宜"。宋诩由其母"口传心授"，备录成帙而写出了《宋氏养生部》，由此可知片皮鸭不仅出于金陵，也是江南民间的制鸭之方。

袁枚《随园食单》的羽族单中有烧鸭，其制法即用叉烧："用雏鸭，上叉烧之。冯观察家厨最精。"或谓袁枚《随园食单》中的某些菜肴，出自扬州盐商童砚北的《调鼎集》。《调鼎集》也有炙鸭一味："用雏鸭擎炭火上，频扫麻油，酱油烧。"案《扬州画舫录》卷九载："童岳荐，字砚北，绍兴人，精于盐荚，善谋划，多奇中，寓居埂子上。"《调鼎集》由《童氏食规》《北砚食单》与《拾遗》等结合而成。扬州盐商有钱有闲，其家厨精于烹调，现在的淮扬菜系里的许多佳肴，很多是由盐商家厨所创。又扬州盐商多出自徽州，所以扬州菜制法受徽菜的影响，现在吃的苏式汤包，在苏州称为徽式汤包，出自《扬州画舫录》的"松毛包子"，就是一例。

所以，烧鸭来自江南，最初民间用的是炙法，使用叉烧烤制的方法。然后经明代宫廷御厨改良成焖炉烤法，然后清宫以烤小猪的挂炉烤法烤鸭。后来这两种烤制的方法，又流传到民间，老便宜坊用金陵焖炉烤法，全聚德用的是挂炉烤法。不过，北京烤鸭所以名扬四海，除了这种烤制的方法外，主要的原因还是那里饲养的鸭子，较其他地方的肥美。《墨花吟馆文钞》载有《忆京都词》一首："忆京都，填鸭冠寰中，烂煮登盘肥且美，加之炮烙制尤工。此间亦有呼名鸭，骨瘦如柴空打杀。"词后有注释："京都填鸭其制法有汤鸭配鸭之别，而尤以烧鸭为最。其片法以利刃割其皮，小如钱而绝不黏肉。"词的作者是浙江人，旅居京师多年，还乡后仍念念不忘北京烤鸭的肥美，他家乡"骨瘦如柴"的鸭子是无法相提并论的。

北京鸭肥美名满天下，其由来传说不一，有的说是明代往来运河的船工，从南方带来的一种白色的湖鸭，在运河一带饲养起来。一种说法起源于明代的北京鸭，是北京东郊潮白河所产的小白眼鸭，也就是后来称为白河蒲鸭的。还有一种说法起于辽代，辽代帝王在北京地区游猎，所猎获的一种白色鸭子，视为吉祥之物，驯养繁殖而成的。但不论北京鸭的起源如何，都经填喂的饲养过程，就是现在的北京填鸭。所谓填喂，也就是《齐民要术》所说的"填嗉"之法："雏既出，别作笼笼之，先以粳米为粥糜，一顿饱食之，名曰填嗉。"嗉即嗉囊，俗称鸡鸭嗉子。用填食喂养的北京鸭肥美异常。到现在也是非其他地区可比的。目前香港食用的烤鸭，都是急冻的北京填鸭，因所需品甚夥，一部分改由浙江宁波饲养。但宁波填鸭的售价，仅北京填鸭的三分之一。明清宫廷御膳用的鸭子，则在西郊玉泉山一带放养。这里溪流交错，鱼虾丰富。西北环山，冬季免西北风的侵袭，溪水出自泉源，寒冬不冻，酷夏清凉，是非常适合北京鸭饲养的地方。

前述乾隆欢喜吃的挂炉鸭子，是一种南方食品。乾隆欢喜南食，也许是数度下江南的原因之一。因此，他宫廷早晚御膳佳肴美味品类虽多，其中定有南小菜一品供奉。所谓南小菜，即江南出产的酱菜，扬州产的酱萝卜炸儿、五香大头菜，等等。尤其扬州的酱乳黄瓜是当时的贡品，专供宫中御用。南炉鸭经常出现在御膳之中，当然是可以理解的。不过，南炉鸭既成御膳佳肴，于是京城之内富豪之家，争相馈食，亲朋寿庆赠致烤鸭，成了当时的风尚。梁章钜《归田琐记》载："都城风俗，亲戚寿日，必以烤鸭烧豚相馈遗。宗伯每生日，馈者颇多。是日但烧鸭切方块，置大盘中，宴坐，以手攫咬，为之一快。"《铁船诗钞》有《咏都门食物》诗："旅居京华久，肴馔亦遍尝，烧鸭寻常荐，燔豚馈送将。"不仅寿辰赠馈，酒席宴客必有烤鸭，所谓"筵席必有填鸭，一鸭值一两余。"烤鸭成了京师美馔。《燕京杂记》就说："京师美馔，莫妙于鸭，而炙者尤美。"

于是骚人墨客在酹南酒食南炉鸭之余，留下了不少诗句。如"绍酒三烧要满壶，挂炉鸭子与烧猪"，"宴客设宴设饭庄，熏猪烧鸭各争尝"。杨静亭《都门杂咏》，有《肉市》竹枝词一首："闲来肉市醉琼酥，新到莼鲈胜碧厨，买得鸭雏须现炙，酒家还让碎葫芦。"碎葫芦是肉市路东的一家饭馆。肉市是前门大街东边市房的一条里街，宽不过丈余，长也不过里把，但却集中了许多酒楼饭庄。《都门纪略》说："肉市酒楼饭馆，张灯列烛，猜拳举令，夜夜元宵，非他处可及也。"真是热闹非凡。以螃蟹和涮羊肉著名的正阳楼，以酱汁鱼拿手的东升楼，以吊炉烧饼扬名的"烧饼王"，还有天福堂、天瑞居、安福楼、三和居、天泰楼、天顺楼、东来斋等饭庄都在这里。《京都竹枝词》有咏"肉市"条："高楼一带酒帘挑，笋鸭肥猪须现烧。"肉市酒楼饭庄林立，其中有许多家出售烤猪烧鸭，天盛馆、聚英楼就售焖炉烤鸭，其中最著名的，要算售挂炉鸭子的全聚德。

开设全聚德的杨全仁，原来在肉市经营生鸡生鸭生意，在同治三年（1864）开创了全聚德烤鸭店。并从开设在东安大街路南的金华馆，挖来了两位烤鸭的老师傅。金华馆的门面虽不大，又不带座，却是供应清宫与各王府烧猪与烤鸭的铺子。备有清宫特赐的腰牌和红顶子，可以随时出入宫禁，用的是御膳房挂炉烤鸭的方式。杨全仁所以要这样做，目标是北京烤鸭铺子的老字号——老"便宜坊"。据《京都琐记》记载："北方善填鸭，有至八九斤者。席中必以全鸭为主菜，著名为便宜坊，烩鸭腰必便宜坊为真，宰鸭独多故也。"又说："若夫小酌，则视客所需，各点一肴，如便宜坊之烧鸭，皆适口之品。"便宜坊的焖炉鸭之肥美，非他家可比的。同时便宜坊为了适应顾客，又创了多种的全鸭菜肴，有拌鸭掌、卤鸭髈、炸鸭胗、炸鸭肝、炒鸭心、炒鸭肠、糟鸭头、莲蓬子烩鸭舌、鸭丁珍珠蘑、鸭丁烩口蘑、鸭末豆腐皮、烩鸭四宝、冬鸭腰、芙蓉鸭腰、芙蓉鸭舌、氽鸭四宝、菊花鸭心卷等等，其中有些菜现在已经失传了。

当年北京城一提烤鸭，皆称便宜坊。因此利之所趋，许多商人便以便宜坊为店号，开设了不少家便宜坊。首先是咸丰五年（1855），一个姓王的古玩商，在前门鲜鱼口开设另一家便宜坊，也就是《都门纪略》所说的"南炉烧鸭店"。接着李铁拐斜街、前门外的观音寺、北安门外大街、西单、东安门、花市夹道子、舍饭寺东口等处，纷纷开设以便宜坊为名的烤鸭店，不下二十几家。这些烤鸭店比老便宜坊小，而且不设堂座，只供外卖，一似今日台北街烤鸭店，但用的都是焖炉烧烤方式。因此，杨全仁的全聚德，要想和便宜坊较一长短，只有另辟蹊径，所以他选择了清宫挂炉烧烤的方式。并且开创吃烤鸭，伴以鸭油熘黄菜，鸭丝烹掐菜，剩下的鸭架子加冬瓜或白菜，熬成的糟鸭骨汤。这是我们现在吃北京烤鸭，"一鸭四吃"的由来。1937年老便宜坊歇业后，全聚德就独步京华了。

烧猪和挂炉鸭子是中国饮食文化的持续。中国是最早用火的民族，但却没有产生希腊式盗火的悲剧。我们的先民只向自然借来火种，照亮与温暖了他们的生活。后来又偶然发现了燔炙的烹饪技巧，更丰富了他们的生活内容，然后创造多彩多姿的文化。虽然经历了多次的文化蜕变与革新，而燔炙的饮食习惯仍然流传下来。只是在文化迅速转变的今天，我们虽然没有自然的火种，但却有更多的光明与温暖。因此，我们吃烧猪和烤鸭的时候，谁还会想到这种饮食习惯的由来呢？是的，我们的生活离自然的火苗越来越远了。即使我们的孩子们在元宵提灯的时候，也无须划动一根火柴，就点燃了他们的小红灯笼。那么，我们还有什么火候可说呢！

看来端的是"无肠"

陆游《糟蟹》诗说:"醉死糟丘终不悔,看来端的是无肠。"蟹又称无肠公子。唐人因蟹黄满膏腴称誉为含黄伯。卢纯说:"四方之味,当许含黄伯第一。"视蟹为天下至美之味,由来已久,当然这不是指海蟹,说的是淡水蟹。淡水蟹又有湖蟹与河蟹之分,清李斗说:"蟹自湖至者为湖蟹,自淮而至者为淮蟹。淮蟹大而味淡,故品蟹者以湖蟹为胜。"所以,江苏苏州与昆山之间阳澄湖所产的大闸蟹最著名。我少时看过一部电影《一江春水向东流》,其中有句词说"大闸蟹坐飞机——凌空八只脚",这是说当时江苏已经沦陷,大闸蟹经香港坐飞机,运到陪都重庆去的。过去香港的蟹也是坐飞机凌空而来,不过现在却改乘火车。真正阳澄湖的蟹都凌空飞日本美国去了。

前两年,有个朋友回苏州探亲,他知道苏州是我少年的旧游地。临行,问我需要带点什么。我想了半天,说:"那么,就麻烦代我吃碗虾蟹面罢。"朋友回来歉然,他说,走遍苏州城,竟没有吃到我所托的那碗虾蟹面。

　　胜利后，父亲在苏州做了个芝麻大的七品官。家居在沈三白《浮生六记》的仓米巷，我的学校在拙政园附近。每天上学要穿过大半个苏州城，护龙街是必经之地。在护龙街怡园隔壁有家"朱鸿兴"，专卖早点。而以大肉面最普遍，当然还有汤包和其他面点。每天早晨，许多拉车和卖菜的各端一碗蹲在廊下，低着头扒着吃。我那时虽然是二少爷，身上的零用钱，只有吃大肉面的份。早晨，尤其是冷飕飕的冬天早晨，来到这里，把钱交给靠着柜台穿着苏州传统朱布围裙抄着手的掌柜。他接过钱向身旁那个大粗竹筒一塞，回头向里面一摆手，接着堂倌拖长了嗓子对厨下一吆喝。不一会儿就送到我面前，我捧着面走到门外，找个空隙把书包放在地上，就蹲下扒食起来。

　　那的确是一碗很美的面，褐色的汤中，浮着丝丝银白色的面条，面的四周飘着青白相间的蒜花，面上覆盖着一大块一寸多厚的半肥瘦的焖肉。肉已冻凝，红白相间，层次分明。吃时先将肉翻到面下面，让肉在热汤里泡着。等面吃完，肥肉已经化尽溶在汤里，和汤喝下，汤腴腴的咸里带甜。然后再舔舔嘴唇，把碗交还，走到廊外，太阳已爬过古老的屋脊，照在街道上颗颗光亮的鹅卵石上。这真是一个美好又暖和的冬天早晨。

　　当然，如果口袋里有足够的钱，也会走进堂内，来一碗虾仁面。苏州靠近太湖，虾大而鲜嫩，是其他地方没有的，那碗虾仁面与大肉面不同，乳白的汤但却是透明的。颗颗虾

唐吟方 绘

唐吟方 绘

仁像擦净的白羊脂小玉珠,晶莹玲珑,简直可以把玩。除了虾仁面,这里还有三虾面,以虾仁、虾脑、虾子三样合制而成的,汤色又不相同,不过,大闸蟹上市后的虾蟹面,更是美味中的美味。一层淡淡的黄色蟹油和着虾仁,面对这碗热气腾腾的金镶玉,还能有谁不垂涎欲滴呢。离开苏州一路南来的这些年,每到一个地方,虽然没有虾蟹面,但必吃一碗虾仁面,可是不论色味都不是那个味道。一次在台北的一家颇有名的江浙馆子,叫了一碗虾蟹面,面里竟有洋葱和咖喱,我拣尽了碗里的洋葱粒后,轻轻放下筷子,走了。从此,再不吃虾仁面。随着时日的过去,对那碗虾蟹面,有着魂牵梦萦的思念。这次朋友去了竟没有为我吃到,此情只好留待成追忆了。

父亲初任天堂里的父母官,虽然一肩明月,两袖清风,但苏州附近阳澄湖,每逢菊黄桂香的季节,都吃到不少壮硕的蟹,每年这时,父亲的朋友也会结伴而来,执螯煮酒共话当年。最近病逝的王公玙先生是必来的,他是父亲的总角之交,后来更共事,多年患难相持。公玙叔二十三岁大学毕业,就当了我们家乡丰县的父母官。所以,他写给我大哥那幅字,就录了苏东坡的《朱陈村嫁娶图》诗:"我是朱陈旧使君,劝农曾入杏花村;而今风物那堪画,县吏催钱夜打门。"这也是他自己后来心境的写照,没料到这么好的人,竟也去了。公玙叔嗜蟹,更是食蟹的高手,他吃一只蟹,可以完全不损蟹螯与蟹爪,食毕还能拼凑成一只完整无缺的蟹。

蟹，天下至美之味。自古就是中国文人雅士所喜爱的，而且又在菊花开的秋天里，更诗情画意了，因而可以入诗入画，执螯赏菊更是雅事。

《红楼梦》三十八回，叙史湘云做东道，在藕香榭请宝玉、黛玉等人食蟹。蟹是以笼蒸熟的，佐以姜醋，伴以热酒，大家自己掰着吃香甜，一边剥一边吃。执螯赏菊的确是人间的风雅韵事，当然不能无诗。于是，宝玉先来了一首："持螯更喜桂阴凉，泼醋擂姜兴欲狂。"宝玉的诗虽无境界，但"泼醋擂姜"却道出食蟹的最基本方法，醋姜不仅可以提味压腥，而蟹性寒，姜可以祛寒。在此间饭店食蟹，食罢，伙计就奉一盅红糖姜茶，意亦在此。接着黛玉也吟了一首："铁甲长戈死未忘，堆盘色相喜先尝。螯封嫩玉双双满，壳凸红脂块块香。多肉更怜卿八足，助情谁劝我千觞。对兹佳品酬佳节，桂拂清风菊带霜。"黛玉的这首不仅比宝玉的那首高雅多了，而且也写出了当时的情景与蟹的形象和色香。至于宝钗的那首："桂霭桐荫坐举觞，长安涎口盼重阳；眼前道路无经纬，皮里春秋空黑黄，酒未涤腥还用菊，性防积冷定须姜，于今落釜成何益，月浦空余禾黍香。"宝钗的"皮里春秋空黑黄"虽然世故了些，但也道出食蟹的整个过程。食毕净手是必需的，所以，凤姐便呼小丫头们去取菊花叶儿、桂花蕊熏的绿豆面子，预备洗手。这比四十九回写史湘云、贾宝玉、李纨三人围着火用铁炉、铁叉、铁丝缲，又吃又玩的烤鹿肉，风雅多了。

中国吃蟹的历史，由来已久。据《逸周书·王会解》篇的记载，成王时，海阳献蟹，离现在已有三千多年了。《太平御览》卷四九四引《永嘉郡记》，记载晋永嘉郡安国乡的地方土著，"喜于洞中取石蟹……就火边跂石炙啖之"。这种吃法颇为原始，颇类日本的铁板烧蟹。南北朝后期有蜜蟹和糟蟹，隋炀帝到扬州看琼花，糟蟹就是吴中进贡的御食之物。宋陶谷《清异录》说："炀帝幸江都，吴中贡糟蟹、糖蟹。每进御，上旋洁拭蟹壳，以金镂龙凤花云贴其上。"这是帝王之食，炀帝恋栈江南而不归的原因之一，可能是为了吃螃蟹。现在江苏兴化产的"堡中糟蟹"，制法繁复，或者就是炀帝吃的糟蟹。

唐宋的文人多嗜蟹，李白有"摇扇对酒楼，持袂把蟹螯"之句，已写出他那种急不可待的精神了。黄山谷有"一腹金相玉质，两螯明月秋江"，把蟹的美味与诗意都表现出来了。唐人吃蟹与橙并食，所谓"味尤堪荐酒，香美最宜橙，壳薄胭脂染，膏腴琥珀凝"。不知这是否就是糖蟹、蜜蟹的食法。"饮酒食肉自得仙"的苏东坡，虽然谪居各地，却爱江南，最后终老阳羡，而有"诗成自一笑，故疾逢虾蟹"之句，美味当前却不能动手，因为怕疥癣的旧疾复发，的确是非常遗憾的事。但陆游就顾不了那么多，情愿疮流脓都不愿口受罪，"传芳那解烹羊脚，破戒犹惭擘蟹脐"。陆游嗜蟹嗜到垂涎欲滴："蟹黄旋擘馋涎堕，酒渌初倾老眼明"，而又精于选蟹："黄柑磊落围三寸，尺蟹轮囷可一斤。"他不仅吃糟蟹、蜜蟹和蒸蟹，并且还吃蟹粉小笼："蟹供牢九美，鱼煮脍残香。"他算是识蟹之人了。糟蟹、蜜蟹也许是唐宋间普遍的一种吃法，黄庭坚有《食蟹》诗："鼎司费万钱，玉食常罗珍，吾评扬州贡，此物最绝伦。"所谓"扬州贡"指的是吴中向隋炀帝贡的御食之物，到这时已成了一般的吃法了。唐宋文人嗜蟹，因而有了关于蟹的专著。唐有陆龟蒙的《蟹志》，宋有傅肱《蟹谱》。中国第一部研究蟹的专门著作，那就是宋代高似孙写的《蟹略》了。书分四卷，卷一是蟹原、蟹象，卷二是蟹乡、蟹具、蟹品、蟹占，卷三是蟹贡、蟹馔、蟹牒，卷四是蟹雅、蟹志赋咏。

至于元代食蟹之法，倪瓒的《云林堂饮食制度集》记载了一段"煮蟹法"。倪瓒是元末四大画家之一，他的家乡在无锡城东约二十里的梅里祇陀村。《列朝诗集小传》称其"家富豪"。后来，"忽尽鬻其家产，得钱尽推与知旧"。元末兵乱，他"扁舟蓑笠，往来湖泖间"。倪瓒家傍太湖，后遇战乱，又携眷泛舟于太湖和三泖间，过着隐居的生活。倪瓒家有堂曰"云林"。《云林堂饮食制度集》著录菜点不多，只有五十多种，而以水产类为最，有鱼虾、蟹、田螺、蚶子、蛤蜊、江鳐、蝤蛑等等。这当然是倪瓒家傍太湖，居近长江的地理环境所致。其中有"煮蟹法"："用生姜、紫苏、桂皮、盐同煮。方大沸透便翻，再大沸透便啖。凡煮蟹，旋煮旋啖则佳，以一人为率，只可煮两只，啖已再煮，捣橙、醋。"虽然煮的方法是现煮现吃，和现在没有太大的差别，但却考究多了。

26

明张岱的《陶庵梦忆》，其中一篇记载他和朋友与兄弟们，在十月里吃蟹的情形。张岱字石公，号陶庵，浙江山阴（绍兴）人。《陶庵梦忆》所叙浙江一带的景物与习俗。《蟹会》是一篇谈食蟹的绝妙好文：

食品不加盐醋而五味全者，为蚶，为河蟹。河蟹至十月与稻粱俱肥，壳如盘大，坟起，而紫螯巨如拳，小脚肉出，油油如蝤蛑，掀其壳，膏腻堆积，如玉脂珀屑，团结不散，甘腴虽八珍不及。一到十月，余与友人兄弟辈立蟹会，期于午后至，煮蟹食之。人六只，恐冷腥，迭番煮之。从以肥腊鸭、牛乳酪，醉蚶如琥珀，以鸭汁煮白菜如玉版，果蓏以谢橘，以风栗，以风菱。饮以玉壶冰，蔬以兵坑笋，饭以新余杭白，漱以兰雪茶。由今思之，真如天厨仙供，酒醉饭饱，惭愧惭愧。

所谓"九月团脐十月尖"，十月正是雌蟹产卵的时候，尖脐雄蟹的膏特别厚腴，一般而言，雄蟹都比较硕壮，选择这个时间举行"蟹会"，是非常恰当的。不仅食蟹，并配以"肥腊鸭""牛乳酪""醉蚶""鸭汁白菜"数味，酒饮的是"玉壶冰"，饭是以余杭新白米煮的，生果有栗、菱、橘，最后再来一盅"兰雪茶"，此馔此味，如再有菊花可赏，这真的是"天厨神仙供"了。

张岱说蟹五味俱全，单吃最好。这正是袁子才所谓的

"蟹宜独味"。所以李笠翁就说:"凡食蟹者只合全其故体,蒸而熟之,贮以冰盘,列之而上,听客自取自食……旋剥旋食则有味。"因为"蟹之鲜而肥,甘而腻,白似玉而黄似金,已造色味香之极,更无一物可以上之,和以他味,犹以爝火助日,掬水益河。"所以,自古以来,吃蟹的方法或蒸或煮,都是单个吃的。李笠翁说蟹既是世上至美之物,"世上好物利在孤行"。所以不必再加其他辅料并烹。

不过,蟹既是世上至美之物。但如果将蟹拆粉佐以其他材料,来一味"若将一箸配两螯,世间更有扬州鹤"的扬州蟹粉狮子头不是也非常鲜美的吗?或言虾是菜中的甘草,与其他材料相配,可以调制成许多不同的菜色,虾仁与蟹粉合炒就成为炒虾蟹。蟹粉也可以烹饪出许多风味绝佳的菜肴来。现在苏州、扬州流行的一道名菜"雪花蟹斗",也就是将蛋清与蟹粉置于蟹盖之中而成,色味俱佳,与西餐里的焗蟹盖绝不相同。这道菜源远流长,是由明初的"蟹黄兜子"演变而来的。据刘基的《多能鄙事》,"蟹黄兜子"的制法是这样的:"大熟蟹三十只,取其净肉,同生猪肉一斤细切,加香油炒鸭蛋五个,调和花椒末、姜等作料,再加面勾芡成馅,然后以粉皮包馅成兜子,上笼蒸熟供食。"这个菜如果向上溯源,可能与陆游吃的"蟹供牢九"有某种程度的关联。不过,清代以后,特别突出蛋的功用,成就了康熙时代的"芙蓉蟹",以及乾隆时的"剥蒸蟹"及"蟹炖蛋",最后演变成现在流行的"雪花蟹斗"。"雪花蟹斗"又称为"芙蓉套蟹",其原因在此。所以,每一个菜色的形成,都有其特殊的地方环境及历史渊源,不是偶然的。台北有菜馆出售"富贵羊肉",甚至"富贵牛肉",完全失去了"叫花鸡"的原意与风味,那是不足取的。此间的广东菜馆动辄推出新菜,那不过是西餐的花巧形式,再加一个不相干的名字,更是走火入魔了。因为菜的转变和社会的转变一样,也是要有一定的人文基础和人文背景。

蟹独食虽美,但食后一脸蟹黄,满桌狼藉,实在不雅也不便。不如拆成蟹粉备用省事,不过一定要用新鲜的活蟹,用死的"神仙蟹"就腥重难食了,饭店里用的多是后者。前两年每逢蟹季,太太回台北上课,我成了"航天员",两肩担一口,走遍港九的上海餐馆,吃的就是一味蟹粉面,却没有一家不腥的。追究原因在此。于是购蟹自拆,拆后自制蟹粉,后来又发现一家面厂卖的面,颇似苏州朱鸿兴的。因此我就自己下起蟹粉面来,虽不能与朱鸿兴的相提并论,渐渐地也有几分神似了。

每年这里过了中秋,街上的上海南货店,就挂起一面旗子来,黄底镶着绿色的荷叶边,上写着一个斗大的红色"蟹"字。那红色字就像蟹蒸后的颜色一样诱人。蟹字旗在喧嚣的街道上垂挂着,会使人联想起荒村野店迎风而飘的酒帘。每年这时,虽然没有看到菊花,也没有闻到桂子的飘香,蟹竟悄悄横行而来,才使人想到这又是好个天凉已是秋的季节了。

脔切玉玲珑

汪兆铨《羊城竹枝词》谈到鱼生："冬至鱼生处处同，鲜鱼脔切玉玲珑，一杯热酒聊消冷，犹是前朝食脍风。"广东的鱼生，以新鲜的活鲩鱼切薄片，和以葱姜丝，点豉油食之。现在广州、香港市面的粥面店有售，随时可以吃到，不限于冬至。

所谓鱼生是前朝食脍的遗风。中国人食脍的习惯由来已久。《说文》释脍："细切肉也。"《汉书·东方朔传》说："生肉为脍。"所以，脍是细切的生肉，拌作料食之，取材于新鲜的羊、牛、鹿、鱼肉。食物不经过火为媒介烹调，直接食用的饮食习惯，是我们祖先茹毛饮血的遗痕。在人类发现用火熟食以前，曾经历很长的生吞活剥的饮食阶段。即使熟食以后，这种饮食习惯，仍然流传下来。

据《礼记》与《周礼》等文献资料的记载，脍在周代列为王室的祭品，设有笾人专责制脍。而且不同的季节有不同的调料，即所谓"脍，春用葱，秋用芥"。孔子就说在祭祀时，"食不厌精，脍不厌细"。脍同时也是王公大夫宴会中的佳肴。《吴越春秋》记载一则故事，伍子胥伐楚得胜归来，吴王阖闾亲自制脔慰劳他。马王堆汉墓出土的陪葬食物中，就有牛脔、羊脔、鹿脔、鱼脔各一笥。

不过，最著名的脔，要数西晋张翰的"莼羹鲈脔"了。张翰在洛阳为官，见秋风起，思念起故乡的莼羹和鲈脔来。于是便弃官归去。《世说新语》和《晋书》同时记载了这段故事。《世说新语·识鉴》说：

> 张季鹰辟齐王东曹掾，在洛见秋风起，因思吴中菰菜羹、鲈鱼脔，曰："人生贵得适意尔，何能羁宦数千里以要名爵！"遂命驾便归。

季鹰是张翰的字。张翰本来就无意沉浮，更不想北上洛阳为官。《晋书·文苑传》记载他去洛阳前，曾对同郡顾荣说："天下纷纷，祸难未已。夫有四海之名者，求退良难。吾本山林间人，无望于时。"

张翰虽无望于时，心想做个山林中人，但却又不能不屈于现实，到洛阳走一遭。不过，他却借莼羹鲈脔而遁，的确非常潇洒。于是，莼鲈之思成为思念故乡或山林的另一种解释。莼羹和鲈脔成为文人墨客的雅食，而进入诗词之中。

莼菜又名菰菜，最早见于《诗经》，唐陆德明《经典释文》说："江南人名之莼菜，生陂泽中。"莼菜产于江浙湖泊中，以太湖产者最佳，可以调羹，滑软鲜美。但由于产地分布不广，不如鲈脍来得普遍。李白有"此行不为鲈鱼脍，自爱名山入剡中"。剡指现在浙江嵊县。杜牧有"冻醪元亮秫，寒脍季鹰鱼"，杜甫有"暂忆江东脍，兼怀雪下船"之句。季鹰鱼与江东脍，指的就是鲈鱼脍，李白、杜甫、杜牧都是嗜食鲈鱼脍的。

鲈脍自来是东南佳味，《太平广记》卷二三四"吴馔"条下："又吴郡献松江鲈鱼干鲙六瓶，瓶容一斗……作鲈鱼鲙，须八九月霜降之时，收鲈鱼三尺以下者，作干鲙。浸渍讫，布裹沥水令尽，散置盘内。取香柔花叶，相间细切，和鲙拨令调匀。霜后鲈鱼，肉白如雪，不腥。所谓金齑玉鲙，东南之佳味也。"隋炀帝最欢喜吃这种鲈脍，列为供品。这种鲈鱼干脍，可以保存五六十日，以冰船运送。即杜牧诗中所谓的"雪船"。吃时于水中沥三刻之久，取出去水，"则皦然矣"。皮日休"唯有故人怜未替，欲封干脍寄终南"，说的就是这种鲈脍。

不仅鲈鱼可以制脍，其他如鲫、鲤、鳞、鲷，只要新鲜皆可为脍。杜甫就是嗜脍的老饕。

乾元元年（758）六月，杜甫由左拾遗贬官华州司功参军。这一年冬天有洛阳之行。路经阌乡，受姜七少府的款待，并由姜少府的妻亲自操刀制脍飨客。阌乡当时属陕州，杜甫出潼关去洛阳，为必经之地。阌乡所产的鳣鲤可以制脍。杜甫酒足饭饱之余，写下《阌乡姜七少府设鲙戏赠长歌》，其中有：

饔人受鱼鲛人手，洗鱼磨刀鱼眼红。无声细下飞碎雪，有骨已剁觜春葱。偏劝腹腴愧年少，软炊香粳缘老翁；落砧何曾白纸湿，放箸未觉金盘空。

描绘制脍过程非常传神。后来杜甫流寓巴蜀近十年，虽然心情萧瑟，却有食脍的欢娱。四川江河中产鱼甚丰可以制脍。因此，有“蜀酒浓无敌，江鱼美何求”之句，他在《南池》诗中就说阆中“清源多众鱼”，《阆水歌》又说：“巴童荡桨欹侧过，水鸡衔鱼来去飞。”最快乐的一次是宝应元年（762）在绵州，现在四川绵阳一带，将网来的鲜鱼立即制脍，而写下了《观打鱼歌》：

绵州江水之东津，鲂鱼鲅鲅色胜银。渔人漾舟沉大网，截江一拥数百鳞。众鱼常才尽却弃，赤鲤腾出如有神。潜龙无声老蛟怒，回风飒飒吹沙尘。饔子左右挥霜刀，脍飞金盘白雪高。徐州秃尾不足忆，汉阴槎头远遁逃。鲂鱼肥美知第一，既饱欢娱亦萧瑟。君不见朝来割素鬐，咫尺波涛永相失。

宋代食脍之风仍盛。黄庭坚有“齑臼方见金作屑，脍盘已见雪成堆。”陆游也自制脍的调料，而有“自摘金橙捣金齑”

之句。欧阳修欢喜食脍，却不会制脍，常买了鱼提到梅圣俞家中，请他家的老婢调制。唐宋制脍多出于妇人之手，如上述姜少府之妻，唐拾遗陆希声之妻余媚娘能馔五色脍。洛阳人家的女孩子，在乞巧制同心脍。考古发现一块宋代厨娘斫脍的画像砖，图上有一方桌，桌上置砧，砧上有鱼。砧旁有脍刀，厨娘围格子裙，挽起衣袖正准备操刀，桌前置一火炉，炉火正旺。上置一镬，正在煮羹。这是一千多年前留下的一幅"羹鲙图"。

宋代不仅文人雅士喜食脍，市面也有脍出售。吴自牧《梦粱录》记载汴京街市，经营的下酒食品中，就有鲜羊脍、香螺脍、二色脍、海鲜脍、鲈鱼脍、鲫鱼脍、群鲜脍、蹄脍、白蚶子脍、淡菜脍、五辣醋羊生脍等等。不仅用料广泛，种类花样也非常丰富。

也许元代的统治者来自草原，饮食习惯不同，宫廷宴会已很少食脍，当时主持饮膳太医忽思慧编撰的《饮膳正要》，所列的"聚珍异馔"九十六种中，仅有鱼脍一味。六十一种"食疗馔品"中，也只一样羊头脍。虽然明代刘伯温的《多能鄙事》中，有鱼脍的制法，但食脍之风已渐渐消逝。因为李时珍《本草纲目》说："鱼脍、生肉，损人最甚，为症瘕，为痼疾，不可不知。"的确，制鱼脍都用河鱼，河鱼是有寄生虫的。《后汉书·华佗传》说：

　　广陵太守陈登忽患胸中烦懑，面赤，不食。佗脉之，曰："府君胃中有虫，欲成内疽，腥物所为也。"即作汤二升，再服，须臾，吐出三升许虫，头赤而动，半身犹是生鱼脍。……

因此，明清以后，食脍之风就渐渐没落了，但食脍的遗痕仍存在今日的饮食之中。

谁解其中味

曹雪芹在《红楼梦》第一回写道："从此空空道人因空见色，由色生情，传情入色，自色悟空，遂改名情僧，改《石头记》为《情僧录》。东鲁孔梅溪则题曰《风月宝鉴》。后因曹雪芹于悼红轩中披阅十载，增删五次，纂成目录，分出章回，又题曰《金陵十二钗》。并题一绝曰：

满纸荒唐言，一把辛酸泪；
都云作者痴，谁解其中味。"

于是，"谁解其中味"变成曹雪芹留下的一个谜题。累得许多学者专家在《红楼梦》里摸索，其目的就是为了"解其中味"。因而使《红楼梦》成为一门专门的"红学"。这些专门的红学研究，剖析之精、探究之微，好像在其他门学术领域里所没有的。许多学者青年读《梦》，中年说《梦》，老年析《梦》，不知不觉一生就在梦中度过了。也许他们所探索的是其中的情味，才这样津津乐道。但很少人注意到《红楼梦》的真味，也就是其中的饮馔之味。曹雪芹在《红楼梦》里写了许多食品，归纳起来汤羹菜肴、酒茶粥饭有十五类，一百九十七种品名，既有山珍海味，也有蔬果糕点，可以说是水陆杂陈，南北共有。

1983 年 9 月 20 日，大陆著名的红学家聚集在北京的"来今雨轩"饭庄，品尝了一次红楼佳肴，"来今雨轩"是民国四年一些参加辛亥革命的人士，为了经常的聚会，在北京中山公园创建的一个茶社。后来改为饭庄，名曰"来今雨"，取自杜甫《秋述》诗序："秋，杜子病卧长安旅次，多雨生鱼，青苔及榻。寻常车马之客，旧雨来，今雨不来。"而曹雪芹的朋友敦诚在《赠曹雪芹》诗中，也有"蓟门辟巷愁今雨，废馆颓楼梦旧家"之句。所以，这次红学家雅集"来今雨轩"，品尝复制的红楼佳肴，真是诗意盎然的。他们一直吃到夜阑人静。宴罢，周汝昌展纸急书："名轩今夕来今雨，佳馔红楼海宇传。"写曹雪芹传的端木蕻良也写了"口角噙香"。冯其庸并绘了"秋风阁"。这是大陆红学家在寻觅多年"其中味"之后，尝到了一次真正的红楼真味。红楼研究已从坐而谈《梦》进一步配合情势，实践检验真理了。

这次"来今雨轩"所复制的红楼佳馔共十八种，计：

菜：油炸排骨、火腿炖肘子、腌胭脂鹅脯、笼蒸螃蟹、糟鹅掌、糟鹌鹑、炸鹌鹑、银耳鸽蛋、鸡髓笋、面筋豆腐、茄鲞、五香大头菜、老蚌怀珠、清蒸鲥鱼、芹芽鸠肉脍。

汤：酸笋鸡皮汤、虾丸鸡皮汤、火腿白菜汤。甜品：建莲红枣汤。

这次"来今雨轩"复制的红楼馔肴，可说四季并陈一桌，楼内楼外共冶一炉。因为曹雪芹写红楼菜非常讲究季节性的，也就是什么时节吃什么菜，这次复制的红楼馔，时在九月无鲜笋，而糟鹅掌、糟鹌鹑在《红楼梦》里是冬天吃的；所谓楼内楼外共冶一炉，那是其中清蒸鲥鱼、老蚌怀珠、银耳鸽蛋、芹芽鸠肉脍等并不见《红楼》当中。

"芹芽鸠肉脍"是味非常创意的菜。所谓芹芽鸠肉脍，是由曹雪芹的名字而来的。雪芹也就是雪底芹菜的意思。周汝昌《曹雪芹小传》序说，雪芹这个名字，得自苏轼在黄州写的《东坡八首》之三："泥芹有宿根，一寸嗟独在；雪芽何时动，春鸠行可脍。"自注称："蜀人贵芹芽，脍杂鸠肉作之。"苏轼在元丰三年，因"乌台诗案"谪居黄州，最初颇为萧瑟，而且生活也非常窘困，后来经友人马正卿的帮助，向郡中求得黄州东门外荒废已久的旧营地。苏轼躬自辟拓，其《东坡八首》就是这次拓垦的苦乐。八首之三则是记乡人自四川带来的芹根，植于东坡的事。如雪芹的名字真得自《东坡八首》之三，那么，芹芽鸠肉脍既有东坡的诗意，又寓雪芹之名，虽然吃的不是雪天的芹菜，也是非常雅致的。"清蒸鲥鱼"是曹雪芹的祖父曹寅嗜食的一味菜。鲥鱼是江苏的名产，形秀而扁，色白似银，每年春末夏初，从海

内重回到江中产卵。季节性很准，所以称之为鲥鱼。明代何
景明有诗云："五月鲥鱼已至燕，荔枝卢橘未应先。"所记江
苏的鲥鱼五月初已用冰雪护船上贡北京。鲥鱼以镇江三营江
所产最负盛名。清时镇江扬州一带，入夏端午之后，鲥鱼上
网，亲友相馈，并配有白面卷子，这就是林苏门诗中所记：
"江鱼才入馔，蒸食麦米香，玉屑重罗得，银鳞一卷将。"不
过，也有春末初至的鲥鱼，称之头膘，又名樱桃鲥鱼。由于
数量不多，网捕不易，被老饕视为珍品。郑板桥所谓"江
南鲜笋趁鲥鱼，烂煮春风三月初"，指的就是这种樱桃鲥鱼。
曹寅所喜爱的也是这种头鲜，其《鲥鱼》诗云："三月商盐
无次第，五湖虾菜例雷同。寻常家食随时节，多半含桃注颊
红。""含桃注颊红"就是春末上网的樱桃鲥鱼。

　　鲥鱼宜蒸不宜煮，红烧不如清蒸味美。所以，袁枚《随
园食单》就说鲥鱼贵在个清字，保存真味，切不可放鸡汤。
否则喧宾夺主，真味全失。又《山堂肆考》称，鲥鱼美味在
皮鳞之交，故食不去鳞。所以清蒸鲥鱼配以鲜笋火腿片，但
却不去鳞的。不过，曹寅似不同意这种制法。他的《和毛会
侯席上初食鲥鱼韵》，有"乍传野市和鳞法，未敌豪家醒酒
方"。曹寅不仅是一位知味者，他有《居常饮馔录》一卷，
汇集了宋元明的饮馔谱录，累积前人的经验以及其自身的体
验，而不同意鲥鱼和鳞而食，可能是有道理的。"来今雨轩"
烹制曹寅所嗜的鲥鱼，不知是和鳞或去鳞的？鲥鱼除了清蒸
多，还有东坡的炙鲥鱼法。苏东坡虽然不喜"鲥鱼多骨"，

但还是喜食樱桃鲥鱼的。其有诗云："芽姜紫醋炙银鱼,雪碗擎来二尺余。尚有桃花春气在,此中风味胜鲈鱼。"这种炙法也可以保持鲥鱼的原味。

"老蚌怀珠",曹雪芹自制的一味佳肴。曹雪芹不仅精于饮食之道,他自己也烧得一手好菜。据曹雪芹好友敦敏《瓶湖懋斋记盛》,叙述曹雪芹有次在他好友于叔度家,烧了一道"老蚌怀珠",形似河蚌,内藏明珠。美不可言,宾主"相与大嚼"。这次用的是桂花鱼,内藏明珠,以油煎制而成。但惜没有道出内藏的明珠是什么,有人疑是蛋清豆粉小丸子,或是苏州出的鸡头米。不过,"来今雨轩"烹制的"老蚌怀珠"用的是武昌鱼。鱼腹内镶的是鹌鹑蛋,不是油煎而用清蒸,制法与曹雪芹不同。

曹雪芹的"老蚌怀珠"制法,可能是从传统酿炙鱼法演变来的。北魏贾思勰的《齐民要术》有酿炙白鱼法,即"取好白鱼,肉细琢,裹作串,炙之。"裹作串,也就是将细琢的肉塞入鱼腹内,以铁签贯之。明刘伯温的《多能鄙事》有"穰烧鱼"一味,用鲤鱼,腹中酿猪肉,杖夹烧熟,似酿炙白鱼遗风。清乾隆年间,扬州一带有"荷包鱼",用鲫鱼,以臊子肉茸为馅塞鱼腹内,形似荷包而得名,此菜由徽州传入,是扬州的徽州盐商家乡里味,或从徽菜中的"沙地鲫鱼"演变而来的。"荷包鱼"又名"鲫鱼怀胎",与曹雪芹的"老蚌怀珠"意义相近,至今仍是淮扬菜系的名馔,稍加改变即成为"荷包海参""穰烧鱼""鲫鱼怀胎"及"老蚌怀珠"，制法相似，都是不破腹，从鱼背脊开刀，以油煎而成。"来今雨轩"的"老蚌怀珠"，以武昌鱼塞鹌鹑蛋清蒸，距曹公遗意远甚。

至于"银耳鸽蛋"，此味虽不见楼里楼外，但《红楼梦》四十回《史太君两宴大观园》，写王熙凤促狭刘姥姥，故意拣一碗鸽子蛋放在她面前。刘姥姥用筷子撬鸽子蛋，撬不起来，就说："这里的鸡儿也俊，下的蛋也小巧，怪俊的。"王熙凤说是鸽蛋，"一两银子一个呢，快尝尝吧，冷了就不好吃了。"乾隆年间，扬州酒楼已有此菜出售，称之为"煨鸽蛋"，又叫"一颗星"。其制法：将鸽蛋"煮熟去皮，用鸡汤作料煨之，鲜美绝伦"。此菜后来又加鸡茸烩烧，即成今日淮扬菜系里"鸡茸鸽蛋"。淮扬菜的鸽蛋制法颇多，有虎皮鸽蛋、核桃鸽蛋、软炸鸽蛋、瓢鸽蛋等等，而"来今雨轩"所制成的"银耳鸽蛋"，以银耳居中鸽蛋伴盆，客主易位，已不是《红楼梦》的原意了。

至于其他菜肴，都是《红楼梦》里有的，如十六回王熙凤给贾琏乳母赵嬷嬷，吃的那一碗很烂的"火腿炖肘子"。六十二回，芳官吃的两片"腌胭脂鹅脯"，泡饭用的"虾丸鸡皮汤"。第八回，宝玉用来就酒的"糟鹅掌"，用来醒酒的"酸笋鸡皮汤"。五十回，贾母撕来吃的"糟鹌鹑"腿子：准备炸了做晚饭的那两笼鹌鹑。七十五回，王夫人说，贾母不甚爱吃的"面筋豆腐"，以及大老爷送来的那碗"鸡髓笋"。八十七回黛玉吃糯米粥，搭着吃的"南来的五香大头菜"及

"火肉白菜汤"以及第三十八回，宝玉、黛玉在藕香榭吃的"笼蒸螃蟹"。

这些菜都没有制法，只有"茄鲞"在《红楼梦》里有详细的制作过程。《红楼梦》第四十一回写道：

薛姨妈又命凤姐儿布个菜。凤姐笑道："姥姥要吃什么，说出名儿来，我夹了喂你。"刘姥姥道："我知道什么名儿？样样都是好的。"贾母笑道："把茄鲞夹些喂他。"凤姐儿听说，依言夹些茄鲞，送入刘姥姥口中，因笑道："你们天天吃茄子，也尝尝我们这茄子，弄的可不可口。"刘姥姥笑道："别哄我了，茄子跑出这个味儿来了！我们不种粮食，只种茄子了。"众人笑道："真是茄子，我们再不哄你。"刘姥姥诧异道："真是茄子？我白吃了半日，姑奶奶再喂我些，这一口细嚼嚼。"凤姐儿又夹了些放入他口内。刘姥姥细嚼了半日，笑道："虽有一点茄子香，只是还不像是茄子，告诉我是个什么法子弄的，我也弄着吃去。"凤姐儿笑道："这也不难，你把才下来的茄子，把皮刨了。只要净肉，切成碎丁子，用鸡油炸了。再来鸡肉脯子合香菌、新笋、蘑菇、五香豆腐干子、各色干果子，俱切成丁儿，拿鸡汤煨干，外加糟油一拌，盛在瓷坛子里，封严了。要吃时拿出来，用炒的鸡瓜子一拌，就是了。"刘姥姥听了，摇头吐舌道："我的佛祖，倒得多少只鸡配他，怪道这个味儿。"

不知是王熙凤逗着刘姥姥耍乐子，还是真有这种做法。不过，茄鲞却是曹雪芹在《红楼梦》里谈吃，唯一道出制作方法的一味菜。"来今雨轩"那席红馔里出现的茄鲞，据说却是黄蜡蜡的、油汪汪的一大盘子，上面有白色的钉状物，四周还有红红绿绿的彩色花朵配衬着，吃起来味道像宫保鸡丁加烧茄子。难道这真的就是曹雪芹笔下的茄鲞吗？

茄子在汉代由印度经丝绸之路传入中国，却在晋代以后才普遍种植与应用。茄子入馔，最早见于北魏贾思勰的《齐民要术》。《齐民要术》有"焦茄子法"："用子未成者，以竹刀骨刀四破之，汤渫去腥气，细切葱白，熬油令香，香酱清、擘葱白与茄子俱下，焦令熟，下椒、姜末。"焦，即是煮。这种煮茄子的方法至今仍用的。《酉阳杂俎》认为"茄子熟者食之厚肠胃"。黄庭坚《银茄》诗写盐醢茄滋味："藜霍盘中生精神，珍蔬长蒂色胜银，朝来盐醢饱滋味，已觉瓜瓠漫轮囷。"茄子是一种家常菜，热炒凉拌，油焖红烧，粉蒸白煮皆宜，中国古食谱记载了许多不同的吃法。高濂《遵生八笺》有糟茄诀："五茄六糟盐十七，更加河水甜如蜜。"也就是用茄子五斤、糟六斤、盐十七两，并河水两小碗拌糟，制成糟茄子。袁枚《随园食单》有"茄二法"：

吴小谷广文家，将整茄子削皮，滚水中泡去苦汁，猪油炙之。炙时须待泡水干后，用甜醋水干煨甚佳。卢八太爷家切作小块，不去皮，入油灼微黄，加秋油炮炒亦佳。是二法者，俱学之而未尽其妙，惟蒸烂划开，用麻油、米醋拌，则夏间亦颇可食。或煨干作脯。

其煨干作脯，与茄鲞制法相近。茄鲞制法或出自"鹌鹑茄"，《西游记》有"旋皮茄子鹌鹑作"之句，后人不明，或以为是鹌鹑烧茄子，案《群芳谱》有"鹌鹑茄"法，"拣嫩茄子切细缕，沸汤焯过，控干。用盐、酱、花椒、莳萝、茴香、甘草、陈皮、杏仁、红豆研细末，拌晒干，蒸收之。用时，以滚水泡好，蘸香油炸之。"

这是茄子腌制干藏的做法，制作过程与茄鲞相似。只是鹌鹑茄是素菜，茄鲞是素菜荤制，但同样都可以保存很长的时间。茄鲞制妥后拌以糟油，封存坛中，吃时，用爆炒的鸡里脊丁拌和。这是一味色泽明亮、可粥可饭又可下酒的爽口小菜。

这味菜的特色是干，曹雪芹将其称为鲞，其意也在此。按鲞，《集韵》注称："干鱼腊也。"鲞字的由来，据《吴地记》载，相传吴王"阖闾入海逐夷，会风浪粮尽不得渡。王拜祷，见金色鱼群逼海而来。三军雀跃。夷人一鱼不获，遂降，因号鱼为逐夷。及归，会群臣，思海中所食鱼。所司云：曝干矣。索食之，甚美。因书美，下着鱼，是为鲞字。"不论这个传说的真伪，鲞指的是干腊的鱼，这是没有问题的。《梦粱录》卷十六"分茶酒店"条下，记载南宋杭州的"鲞铺"说：

以鱼鲞言之，城南浑水闸，有团招商旅，鲞鱼聚于此。城外鲞铺不下二百家，皆就此上行合摭……又有盘街叫卖，以便小街狭巷主顾，尤为快便耳。

所售的鱼鲞，有郎君鲞、石首鲞、鳖鲞、鳝鲞、冻鲞等，名目繁多不下数十种。由此可知鱼鲞在南宋时代，已是江浙一带很普遍的馔肴。至今江浙菜系中，以黄鱼鲞烤肉的浓郁、鳗鲞炖鸡的鲜美，都是风味绝佳的菜肴。曹雪芹世居江南，当然也是欣赏这种美味的。他以干制的茄子与鱼鲞相提并论，而称为茄鲞，就是为了突出那个干字。"来今雨轩"那一大盆黄蜡蜡、油汪汪，吃起来味道像宫保鸡丁烧茄子的茄鲞，已离题太远了。如果茄鲞的原味像宫保鸡丁烧茄子，刘姥姥就不会喊出"我的佛祖"来了。

宫保鸡丁配以糊辣子与花生米共炒，微加糖滴醋是西南口味，与江南菜肴的制法完全不同。不论茄鲞是曹雪芹所创，或是对传统菜肴的突破，这味菜都是以江南菜为基础形成的。观其最后以糟油一拌而封存，就道出江南风味了。糟油俗称糟卤，其制法将八角、丁香、陈皮、官桂、小茴、淮山药分别炒制，并用纱布包妥，置于原坛黄酒内，再加入适当的盐和糖，加盖封存二至三月而成。特别是夏令时节，菜肴中稍加糟油更显清爽。糟油宜放在一些较清淡、自身鲜味浓的菜肴里，如糟油鱼片、糟油鸡米，至于红烧的菜就不宜用糟油了。不过，剩下的糟底，可制川糟或过年吃糟钵头。

将制妥的菜肴置于糟油中，可存较长的时间，茄鲞就是其一。贾母吃糟鹌鹑、薛姨妈自制的糟鹅掌，都是浸于糟油久存的菜。明人宋诩《养生部》就说："熟鹅、鸡同跖、翼糟封之，能久留。宜冬月。"薛姨妈给宝玉吃糟鹅掌时，就是在冬天，贾母撕一只糟鹌鹑腿吃的时节，也是在"天短了，不敢睡中觉"的冬天。所以，曹雪芹写红楼馔饮，不是信手拈来随便写的，都有其季节性的。

茄鲞要配以鲜笋、五香豆腐干子。鲜笋、五香豆腐干子都是江南产。江南人欢喜吃笋，扬州有炮冬笋，其制法以湿泥裹冬笋，入灶膛烧熟。去泥壳、加麻油、酱、葱与米醋腌即成，颇似台湾带壳煮笋的吃法，可以保留其新鲜的原味。康熙皇帝爱吃江南的春笋。每次下江南必有此味。曹寅与其妻舅李煦都了解这种情形。所以，他们在苏州织造和两淮盐政任上，多次向北京进贡燕来笋。燕来笋也就是燕子归时出土的笋，简称燕笋，即春笋。所谓"笋菜沿江二月初，家家厨爨剥春筎"，指的就是这种笋。曹雪芹也嗜笋，《红楼梦》里以笋相配的菜颇多，计第八回的鸡皮酸笋汤。这个汤为了给宝玉解酒，可能是加醋：用的不是酸笋。可能是鲜冬笋或鞭尖笋。第四十一回的茄鲞配的是鲜笋丁。五十八回的火腿鲜笋汤，用的是鲜笋片，七十五回的鸡髓笋则是以鲜笋烩鸡红。

五香豆腐干子也是江南名产，苏州有蜜汁豆腐干，扬州有五香豆腐干。蜜汁豆腐干是炸后渍甜卤，其味甜中带咸。

扬州的五香豆腐干，即五香茶干。先将豆腐干拌以调料压榨而成。明代浙江金华兰溪的五香豆腐干，也很著名。乾隆时苏州、扬州、杭州三地的五香豆腐干是当时名食。尤以扬州最著名。《扬州画舫录》载扬州南门贮草坡姚家售的最好，称为"姚干"。清林苏门《邗上名目饮食》诗云："晚饭炊成月正黄，家藏兼味究可尝。会当下箸愁无处，小菜街头卖五香。"五香豆腐干可单食或佐酒，亦可配以他物。茄鲞配鲜笋丁与五香干丁更具江南风味了。

不仅茄鲞具江南风味，"腌胭脂鹅脯"更是姑苏名馔。中国人吃鹅已有悠久的历史。鹅，《礼记·内则》称之为舒雁。且有"弗食舒雁翠"的记载，舒雁翠也就是鹅臁。《齐民要术》记制鹅的方法数种，有捋炙法、筒炙法、啖炙法、范炙法、衔炙法等，这五种方法都是将鹅肉切碎，以不同形式来串烧。但制作的过程却不同。如衔炙法是用半熟的鹅肉斩细，加作料屑，再拌和以白鱼茸，团成丸子再上串烧烤。他如"焦次法"，则是用木耳羊肉汁煮鹅块。"焦鹅法"则是用米拌酱油，并鹅肉置焦中蒸焖而成。此法由江南传来。或谓似今湖南菜的"黄焖子鹅"。除此之外，《要术》还有"醋菹鹅鸭炙法"及"白菹法"，由此可以了解南北朝时期对鹅的调治已非常精致了。

隋唐以后，鹅制名馔甚多，谢讽《食经》中有"花折鹅糕"一品，据《东京梦华录》《梦粱录》记载，宋开封、杭州食肆有鹅鸭排蒸、鹅鸭签、五味杏酪鹅、绣吹鹅、白炸春鹅、排骨鲜鹅、煎鹅事件、炙鹅菜制品出售。袁枚《随园食单》载"云林鹅"一味。云林是元代画家倪瓒的堂名,倪瓒精于绘事,又美饮食,留下了一本《云林堂饮食制度集》,"云林鹅"据袁枚记叙其制法:

　　整鹅一只,洗净后,用盐三钱擦其腹内,塞葱一帚填实其中,外将蜜拌酒通身满涂之。锅中一大碗酒、一大碗水蒸之。用竹箸架之,不使鹅身近水。灶内用山茅两束,缓缓烧尽为度,俟锅盖冷后,将鹅翻身,仍将锅盖封好蒸之。再用茅柴一束,烧尽为度。柴俟其自尽,不可挑拨。锅盖用绵纸糊封,逼燥裂缝,以水润之。起锅时鹅烂如泥,汤亦鲜美。

　　袁枚对"云林鹅"的制法,说得非常详尽。这种制法颇似当年我家的"锅鹅",每当我放假由台北回家,母亲就宰自养的胖鹅一只,以锅燖之法烹治,举家围桌而食,不仅味鲜美,天伦之趣亦在其中。

　　曹寅嗜鹅,有"百嗜不如双跖美"之句。曹雪芹可能也继承了这个家庭嗜好。《红楼梦》写鹅馔有四处:第八回写宝玉在薛姨妈处夸贾珍家里的鹅掌鹅信好吃,薛姨妈取了自糟的鹅掌给他尝。宝玉笑道:"这个就酒方好。"第四十一回写贾母吃点心,捧盒里蒸的点心中,有一种是"松瓤鹅油卷",以及第六十二回写道:只见柳家的果遣人送了一个盒子来,里面是一碗虾丸鸡皮汤,又是一碗酒酿清蒸鸭子,一

碟腌的胭脂鹅脯，还有一碟四个奶油松瓤卷酥，并一大碗热
腾腾碧莹莹绿畦香粳稻米饭。春燕放在案上，走去拿了小菜
并碗箸过来，拨了碗饭，芳官便道："油腻腻的，谁吃这些
东西。"只将汤泡饭吃了一碗，拣了两片腌鹅，就不吃了。

　　芳官吃的"腌胭脂鹅脯"，也就是曹寅所谓的"红鹅"。
其制法取自明韩奕的《易牙遗意》。《易牙遗意》有"盏蒸
鹅"（二种法），其一"用肥鹅肉，切作长条丝，用盐、酒、
葱、椒拌匀：于白盏内蒸熟，麻油浇供"。另一味"杏花鹅"
则是"胭脂鹅"所继承的：

　　鹅一只，不剉碎，先以盐腌过，置汤锣内蒸熟。以鸭弹
三五枚洒在内，候熟，杏腻浇供，名杏花鹅。

杏花色嫩红，故名。鹅肉以盐生腌，熟后由于硝化作用，色
呈赤红似胭脂，所以曹雪芹称之为胭脂鹅。韩奕是韩琦的后
裔，元天平（苏州）人，通医理，入明之后，遁不仕，终身
布衣。《易牙遗意》共两卷，分十二类，记载了一百五十多
种馔饮制作方法。据周履靖《易牙遗意》序，称其所制菜肴
"浓不鞔胃，淡不槁舌"，正是吴馔传统特色。由"杏花鹅"
变成的"胭脂鹅"，至今仍然是姑苏的名馔。不知"来今雨
轩"红馔中的"胭脂鹅"也是这种制法否？

　　"来今雨轩"的那席红馔，不仅其中的菜肴都是江南
风味，甚至连"五香大头菜"也该是南来的。《红楼梦》

八十七回写林黛玉吃糯米粥，搭的菜就是"南来的五香大头菜，拌些麻油醋。"五香大头菜是当时扬州进贡的酱菜之一，称为"南小菜"。乾隆时，宫廷早晚御膳菜肴虽多，其中必有一味"南小菜"。当然，吃多了油腻的菜肴，换点清脆的酱菜吃吃，是非常爽口的。袁枚说："小菜佐食，如府史胥徒佐六官也，醒脾解浊，全在于斯。"第六十一回写到司厨柳妈说大观园的姑娘们，爱吃"鸡蛋、豆腐，又是什么面筋、酱萝卜炸儿。敢自倒换口味"，也就是这个道理。"酱萝卜炸儿"，今日扬州仍有，其名曰"甜酱萝卜头儿"，和当年五香大头菜同是贡品。

不仅《红楼梦》的菜肴属于江南风味，主食也是以南食为主，所谓南食也就是米。《清稗类钞·饮食类》载："南人之饭，主要品为米。盖炊熟而颗粒完整者，次要则为成糜之粥。北人之饭，主要品为麦，屑之为馍，次要则为成条之面。"《红楼梦》的第五十三回记载黑山村庄主乌进孝，过年向贾府禀呈的礼单中，有"御田胭脂米两担、碧糯五十斛、白糯五十斛、粉粳五十斛、杂色粱谷豆各五十斛、下用常米一千担"，却没有麦也没有面粉。《红楼梦》写的主食计有二十三种，其中米、饭有十二种，粥七种，另有粱、豆各一种。至于面食，只有在六十二回，众人为宝玉祝寿，提到"银丝挂面"及"面条子"。此外七十一回写到尤氏吃"饽饽"。所以，《红楼梦》里的日常生活与宴饮所吃的主食，是以饭或粥为主的。

　　当然，这是很容易理解的，曹雪芹的曾祖曹玺康熙二年出任江宁织造。后来自他祖父曹寅，两世三人连任织造，曹氏家族前后在江南生活了一个甲子。曹雪芹诞生在金陵，他迁归北京时已经十三岁了。虽然往日的繁华已如烟似梦，但他却一直将金陵视为他的旧家。江南是他的故里。后来，他困居西山，"举家食粥酒常赊"，"醉余奋扫如椽笔"写《红楼》时，他朋友敦敏所说的"秦淮残梦忆繁华"，就不自觉地在他笔底涌现了。也许曹雪芹说的"谁解其中味"，那味就在这里了。

寒夜客来

　　宋代诗人杜耒的《寒夜》诗，有"寒夜客来茶当酒，竹炉汤沸火初红"之句。诗中提到的"茶当酒"，是魏晋至唐宋间文学领域里很大的转变，这种转变所发生的影响，不仅限于文学领域一隅。魏晋文化与隋唐不同，虽然有很多原因，但饮茶风气的普及，而且这种新饮料的流行改变了当时的生活习惯，并且引起社会经济以及文化意识形态领域的变化，可能也是原因之一。

　　当然，这并不是说唐宋以后的文人，只饮茶不喝酒了。写"天若不爱酒，酒星不在天，地若不爱酒，地应无酒泉。天地既爱酒，爱酒不愧天"的李白，就嗜酒如命。唐代其他的诗人也好酒，如杜甫、白居易、皮日休、陆龟蒙都欢喜饮酒。尤其白居易更留下不少饮酒诗，而且他非常喜欢陶渊明的酒趣，写过仿陶渊明的饮酒诗，但白居易饮酒只是浅醉低吟而已，不似李白那样"三百六十五日，日日醉如泥"，饮得那么狂放，醉得那么有魏晋遗意。魏晋时代也有以茶代酒的，三国时期写《吴书》的韦昭，由于量浅，孙皓每次宴会，就允许他以茶代酒。不过，韦昭以茶代酒，李白嗜酒如命，在当时都不普遍。

一

魏晋名士嗜酒，是人所共知的。竹林七贤个个好酒，《世说新语·任诞》篇说：

> 陈留阮籍，谯国嵇康，河内山涛，三人年皆相比，康年少亚之。预此契者：沛国刘伶，陈留阮咸，河内向秀，琅邪王戎。七人常集于竹林之下，肆意酣畅，故世谓"竹林七贤"。

在竹林七贤之中，刘伶自称"天生酒徒"，《晋书·刘伶传》说刘伶：

> 常乘鹿车，携一壶酒，使人荷锸而随之，谓曰："死便埋我。"……尝渴甚，求酒于其妻。妻捐酒毁器，涕泣谏曰："君酒太过，非摄生之道，必宜断之。"伶曰："善！吾不能自禁，惟当祝鬼神自誓耳。便可具酒肉。"妻从之。伶跪祝曰："天生刘伶，以酒为名。一饮一斛，五斗解酲。妇儿之言，慎不可听。"乃引酒御肉，隗然复醉。

阮籍则"嗜酒能啸",《晋书·阮籍传》说：

> 籍闻步兵厨营人善酿，有贮酒三百斛，乃求为步兵校尉……性至孝，母终，正与人围棋，对者求止，籍留与决赌。既而饮酒二斗，举声一号，吐血数升。及将葬，食一蒸肫，饮二斗酒，然后临诀，直言穷矣……

不仅阮籍嗜酒，阮氏族人也善饮。《晋书·阮咸传》说阮咸：

> 与叔父籍为竹林之游，当世礼法者讥其所为。……历仕散骑侍郎。……武帝以咸耽酒浮虚，遂不用。……诸阮皆饮酒，咸至，宗人间共集，不复用杯觞斟酌，以大盆盛酒，圆坐相向，大酌更饮。时有群豕来饮其酒，咸直接去其上，便共饮之。

阮咸从子阮修，《晋书·阮修传》说：

> 常步行，以百钱挂杖头，至酒店，便独酣畅。虽当世富贵而不肯顾，家无儋石之储，宴如也。

山涛也有八斗之量，《晋书·山涛传》说：

唐吟方 绘

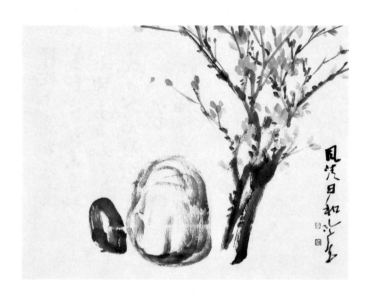

唐吟方 绘

涛饮酒至八斗方醉，武帝欲试之，乃以酒八斗饮涛，而密益其酒，涛极本量而止。

不仅竹林名士嗜饮，渡江之后，中兴名士也纵酒。《晋书·谢鲲传》说他"每与毕卓、王尼、阮放、羊曼、桓彝、阮孚等纵酒"，尤其毕卓"常饮酒废职"。《晋书·毕卓传》说：

为吏部郎，常饮酒废职。比舍郎酿熟，卓因醉夜至其瓮间盗饮之，为掌酒者所缚，明旦视之，乃毕吏部也，遽释其缚。卓遂引主人宴于瓮侧，致醉而去。卓尝谓人曰："得酒满数百斛船，四时甘味置两头，右手持酒杯，左手执蟹螯，拍浮酒船中，便足了一生矣。"

不仅魏晋名士嗜酒，狂放纵饮，主政的官吏也多酒徒，周颛过江后为尚书左仆射，《晋书》本传说他能饮酒一石，终日常醉。《世说新语》说周颛"过江积年，恒大饮酒。尝经三日不醒，时人谓之三日仆射"。魏晋名士纵酒放饮，由于当时实际的政治环境动荡不安，为了逃避现实政治的迫害，为了保全生命，不得不韬晦，只有沉湎于酒中。《晋书·阮籍传》说：

魏晋之际，天下多故，名士少有全者，籍由是不与世事，遂酣饮为常。文帝初欲为武帝求婚于籍，籍醉六十日，不得言而止。钟会数以时事问之，欲因其可否而致之罪，皆以酣醉获免。

阮籍不与世事，以酣醉获免，其族弟阮裕为大将军王敦主簿，则"以酒废职"，《晋书·阮裕传》：

弱冠辟太宰掾，大将王敦命为主簿，甚被知遇。裕以敦有不臣之心，乃终日酣觞，以酒废职。敦谓裕非当世实才，徒有虚誉而已，出为溧阳令，复以公事免官。由是得违敦难，论者以此贵之。

阮裕以酣饮避祸，顾荣则"惟酒可以忘忧"。终日昏酣，不理政事，《晋书·顾荣传》说顾荣：

历尚书郎、太子中舍人、廷尉正。恒纵酒酣畅，谓友人张翰曰："惟酒可以忘忧，但无如作病何耳。"……齐王冏召为大司马主簿。冏擅权骄恣，荣惧及祸，终日昏酣，不综府事……冏以为中书侍郎。在职不复饮酒。人或问之曰："何前醉而后醒邪？"荣惧罪，乃复更饮。

顾荣是"南土著姓"，晋平吴后，与陆机兄弟同时由江南到洛阳为官，借酣饮避祸，并对他的朋友张翰说"惟酒可以忘忧"。张翰也由江南到洛阳，后来借思念江南的莼羹鲈脍，命驾还乡。《世说新语·识鉴》说：

> 张季鹰辟齐王东曹掾，在洛见秋风起，因思吴中菰菜羹、鲈鱼脍，曰："人生贵得适意尔，何能羁宦数千里以要名爵！"遂命驾便归。俄而齐王败，时人皆谓为见机。

又，《世说》此条下注引《文士传》说：

> 张翰字季鹰。……有清才美望，博学善属文……大司马齐王同辟为东曹掾。翰谓同郡顾荣曰："天下纷纷未已，夫有四海之名者，求退良难。吾本山林间人，无望于时久矣。子善以明防前，以智虑后。"荣捉其手，怆然曰："吾亦与子采南山蕨，饮三江水尔！"

"吾本山林间人，无望于时久矣"，这是乱世士人的心境，期望摆脱政治的纷扰，觅得一个可以庇身之所。《三国志·魏书》卷十一《袁涣传》注引袁宏《后汉纪》云：

> 初，天下将乱，涣慨然叹曰："汉室陵迟，乱无日矣。苟天下扰攘，逃将安之？若天未丧道，民以义存，唯强而有礼，可以庇身乎！"（裴）徽曰："古人有言，'知机其神乎！'见机而作，君子所以元吉也。天理盛衰，汉其亡矣！

夫有大功必有大事，此又君子之所深识，退藏于密者也。且兵革既兴，外患必众，徽将远迹山海，以求免身。"

于乱世之中，如能远寄山海，或托身山林，以求身免，是最佳的避祸方法。这个愿望如果无法达到，只有见机而作，"退藏于密"了。最好的方法就是沉湎于酒中，如刘伶的《酒德颂》所言："衔杯漱醪，奋髯箕踞，枕曲借糟，无思无虑，其乐陶陶。兀然而醉，恍尔而醒。"的确是最好的逃避方法。

二

魏晋名士嗜酒，和他们生存的时代环境有密切的关系，同时也受时代思潮的感染，和这个时代思想的转变有关。汉代是儒家思想定于一尊的时代，儒家思想不仅是政治最高的指导原则，同时也是社会秩序的准则。士人不仅接受儒家的教育，而且还得实践儒家的道德规范。

但任何一种思想一旦跃为权威的地位，就会失去原有弹性与活力，逐渐凝固而僵化，无法适应汉末魏晋变动的社会，而从第一线向后撤退。因此，不得不从儒家思想之外，寻求适应这个动乱社会的思想，于是老庄之学便应运而生。老庄思想出现于周末战国之际，但两汉之间由于儒家思想唯我独尊，一切的学术思想都笼罩在儒家的经学之下，使老庄之学没有发展的余地，其中一部分更渗入方术之中。

魏晋以后，老庄思想代儒家思想而起，老庄思想较儒家思想有弹性。儒家思想较着重集体的利益，完全忽略了个人的价值，老庄思想则对个人价值保持尊重与肯定。因此，老庄思想流行魏晋社会之间，使当时的士人突破汉代儒家规范的束缚，形成个人自我意识的醒觉，并产生了个人性格的解放，他们饮酒狂放，对传统的批判，都是个人意识极端发展的表现。由于对儒家思想的批判，所以对许多非儒家的新价值加以肯定，不仅对老庄思想，而且对老庄思想渗入方术以后产生的仙道思想也予以肯定。

中国的仙道思想最大的特色，就是从现实社会中超越与升华，恰可填补当时变乱中士人苦闷的心灵。因此魏晋时期许多士人向道羡仙，反映在文学领域里，即游仙诗和招隐诗的流行。左思《招隐诗》："杖策招隐士，荒涂横古今，岩穴无结构，丘中有鸣琴。"郭璞的《游仙诗》："京华游侠窟，山林隐遁栖，朱门何足荣，未若托蓬莱，临源挹清波，陵冈掇丹荑，灵溪可潜盘，安事登云梯。"游仙和招隐都是高蹈于风尘之外，挣脱现实世界的束缚。这种愿望不能实现，就服药饮酒，以求暂时解脱。

所谓服药，即服寒食散。俞正燮《癸巳存稿》说："《通鉴》注言，寒食散盖始于何晏，又云炼钟乳朱砂等药为之。言可避火食，故曰寒食。言服者食宜凉，衣宜薄，惟酒微温饮。"寒食散又名五石散，以丹砂、雄黄、云母、石英、钟乳等混合而成，食后觉神明开朗，但寒食散必须和温酒食。《晋书·裴秀传》说"服寒食散当饮热酒"，裴秀却饮冷酒而卒。皇甫谧则"初服寒食散，性与之忤，每委顿不伦，尝悲恚，叩刃欲自杀，叔母谏之而止"。他又说："服寒食药，违错节度，辛苦荼毒，于今七年。隆冬裸袒食冰，当暑烦闷，加以咳逆，或若温疟，或类伤寒，浮气流肿，四肢酸重，于今困劣。"皇甫谧深受其苦，因而撰《寒食散论》。

《隋书·经籍志》有皇甫谧、曹歙《论寒食散》一卷。案《三国志·魏书·武文世王公传》："武皇帝二十五男，……东平灵王徽……正始三年薨。子翕嗣。"裴注曰："翕入晋，封廪丘公。……撰《解寒食散方》，与皇甫谧所撰并行于世。"

魏晋士人除裴秀、皇甫谧外，嵇含、邓攸、王戎等都是服食寒食散的。但服寒食散，必须和以温酒，所以，魏晋名士饮酒一面服寒食散，服食之后体内发热，衣着单薄，行走散药，形成魏晋名士行迹的任诞怪异，这是魏晋时期个人个性极端发展的结果。但他们也从服药饮酒中，获得暂时的升华，超越现实世界达到仙或隐士的境界。这种现象反映在意识形态领域，直接影响了魏晋的文学与文化的发展。

魏晋名士嗜酒，因为他们生逢乱世，感叹生命无常，引起对生命强烈的留恋，和对死亡突然来临而神形俱灭的恐惧，饮酒可以增加他们生命的密度。魏晋士人嗜酒的情况，发展到后来陶渊明的时期，已有非常显著的转变。陶渊明虽然也嗜酒，并留下许多饮酒诗，他的《饮酒》诗序说："余闲居寡欢，兼比夜已长，偶有名酒，无夕不饮，顾影独尽，忽焉复醉，既醉之后，辄题数句自娱，纸墨遂多，辞无诠次，聊命故人书之，以为欢笑尔。"其《连雨独饮》云：

运生会归尽，终古谓之然。世间有松乔，于今定何间。故老赠余酒，乃言饮得仙。试酌百情远，重觞忽忘天。天岂去此哉，任真无所先。云鹤有奇翼，八表须臾还。顾我抱兹独，僶俛四十年。形骸久已化，心在复何言。

从"形骸久已化，心在复何言"可以了解，陶渊明和以前魏晋的"名士不须奇才，但得无事常痛饮，读《离骚》"已完全不同。他已摆脱魏晋名士的饮酒狂放、向道慕仙的心灵苦闷，不再企羡缥缈的神仙世界，回到真实的人间。虽然他也处于一个"真风告逝，大伪斯兴"的时代，但却不企图逃避或摆脱，他诗里所谓"人事固以拙，聊得长相从"正表现了这种心情。于是，在他自我放逐、自我隔离的生活中，朦胧的醉意和现实世界交融下，隐隐出现了他理想的乐土——桃花源。

陶渊明虽然终日醉醺醺，但醉后仍然可以写诗，因而出现了"一觞虽独进，杯尽壶自倾"的诗情酒趣，和烂醉如泥的魏晋名士是完全不同的。魏晋士人挣脱儒家道德规范的束缚，个性极端解放后，发展到这个时期，需要一次调整，"老庄告退，山水方滋"的思潮，也在此时出现在意识形态领域之中，魏晋思想到此一变。而且东晋以后发现茶可以解酒，渐渐开始饮茶，自此以后，魏晋名士任诞狂饮已不复见，或者和茶的新饮料出现，有某种程度的关系。因此，茶的饮用不仅是一种生活习惯，同时也是文化领域转变的关键之一。

虽然，饮茶的起源有各种不同的说法，而顾炎武《日知录》说："秦人取蜀，而后始有茗饮之事。"古代四川与西南地区产茶，据《华阳国志》记载，汉代的犍为、南安、武阳都产茶。《太平寰宇记》也说，泸州有茶树，夷人常携瓢攀树采之。扬雄《方言》：西南人谓茶曰蔎。他的《蜀都赋》有"百华投春，隆隐芬芳，蔓名荧郁，翠紫青黄"之句，对茶的色味香写得非常传神。王褒《僮约》有当时饮茶与买茶的记载，王褒是汉代西蜀资中人，后来官至谏议大夫。在他的《僮约》里，对他购自杨氏的家僮，有"武阳买茶""烹茶尽器"的规定。所以，西晋张载《登成都白菟楼》诗称赞川茶说："芳茶冠六清，溢味播九区。"

在川茶之中又以蒙顶茶最著名，自汉至唐宋都受人喜爱。白居易对蒙顶茶非常欣赏，有"扬子江中水，蒙山顶上茶""琴里知闻惟渌水，茶中故旧是蒙山"之句，宋代诗人文同甚至说："蜀土茶称圣，蒙山味独珍。"蒙顶茶最早的品种有雷鸣、雾钟、鹰嘴、雀舌、芽白等散形茶和饼茶，唐以后又出现了甘露、石花、万春银叶、玉叶长春等，并列为贡品，就是所谓的"蒙茸香叶如轻罗，自唐进贡入天府"。魏晋所饮就是四川产的茶，蒙顶更是珍贵。

张载诗说"芳茶冠六清"，六清是古代六种饮料。《周礼·天官·膳夫》称"膳用六牲，饮用六清"，但其中却没有茶。魏晋以后，茶成为六清之外的一种新饮料。陆羽《茶经·七之事》引《广雅》记载魏晋时期饮茶的方法："荆巴间采叶作饼。叶老者饼成，以米膏出之，欲煮茗饮，先炙，色令赤，捣末，置瓷器中，以汤浇覆之。用葱、姜、橘子芼之，其饮醒酒，令人不眠。"这种饮茶的方法，就是《尔雅》"苦荼"条下郭璞所注"叶可作羹饮"，这种羹又称为"茗粥"或"茶粥"。晋元帝时，有一四川老姬，作茶粥，每朝黎明，即携茶粥售于洛阳南市，为廉事所禁并破其器，时傅咸任司隶校尉，曾有手教调查此事。据陆羽《茶经》记载，汉代的司马相如、扬雄曾饮过茶。魏晋尤其东晋渡江以后，饮茶的人渐渐多了。如张载、傅咸、江统、左思、郭璞等都欢喜茗饮。刘琨就说："吾体中溃闷，常仰真茶。"宋裴汶《茶述》说："茶起于东晋，盛于今朝。"大致是可以相信的。东晋虽然有很多人开始饮茶，但毕竟不普遍，因为大家并不习惯这种涩苦的新饮料。所以，司徒长史王蒙自己嗜茶，每日必饮，有客过访，皆敬以茶汤，宾客深以为苦，都说："今日有水厄。"当时虽然已经开始饮茶，但仍不为一般人赏欣，视饮茗为"水厄"。《洛阳伽蓝记》卷一说："给事中刘缟，慕王肃之风，专习茗饮，彭城王谓缟曰：'卿不慕王侯八珍，好苍头水厄。'"就是一例。

三

唐代以后,饮茶的风气才盛起来。陆羽《茶经·六之饮》说:"茶之为饮……盛于国朝,两都并荆渝间,以为比屋之饮。"家户饮茶,茶叶成为民间重要的消费品。产区的分布已扩大,茶叶的产量以江淮地区最丰,湖州的紫竹和常州的阳羡茶同列为贡品。尤其紫竹,陆羽认为天下名茶,蒙顶第一,顾渚紫竹第二。每年早春选新茶的季节,湖、常二州太守在边界的茶山,联合举行茶宴尝新。一次白居易也被邀请,但因病不能躬逢其盛,写了一首《夜闻贾常州、崔湖州茶山境会想羡欢宴因寄此诗》:"遥闻境会茶山夜,珠翠歌钟俱绕身。盘下中分两州界,灯前合作一家春。春娥递舞应争妙,紫笋齐尝各斗新。自叹花时北窗下,蒲黄酒对病眠人。"诗里虽然自己卧病不能赴会,感到惋惜与遗憾,但却也描绘出湖、常二州茶宴的盛况。

由于茶叶消费量的增加,江西的景德镇、浙江的湖州成为当时著名的茶叶集散地。白居易的《琵琶行》"商人重利轻别离,前月浮梁买茶去",也道出当时茶的销售情况。唐代饮茶风气虽盛,茶叶的制造与饮用方法也更讲究了,但煮茶时还加盐、葱、姜、橘皮、薄荷及苏椒等香料。唐德宗煮茶就欢喜加酥椒,而有"旋沫翻成碧玉池,添酥散出琉璃眼"之句。不过,陆羽认为这种加香料的煮茶方式,无法品尝到茶的真味,所以,他批评这种茶汤"斯沟渠间弃水耳"。

到宋代后，煮茶才改为泡茶，将干茶碾成细末，冲入开水，用细竹帚轻轻搅拌，不再加其他香料。这种泡茶方式，由日本来华的荣西禅师带回三岛，他写了《吃茶养生记》，后来再由明慈上人、圣一禅师将当时流行的茶宴、斗茶的习俗带回日本，经过演变以后，就成为今日"和、敬、清、寂"的日本茶道。

茶宴、茶会起于唐朝，《茶事拾遗》记载大历十才子之一的钱起（字仲文，吴兴人，是天宝十载的进士），曾与赵莒为茶宴，又过长孙宅与朗上人作茶会。他的《与赵莒茶宴》诗写道："竹下忘言对紫茶，全胜羽客醉流霞。尘心洗尽兴难尽，一树蝉声片影斜。"这次茶宴也是在竹林举行，但他们已不像魏晋名士聚于竹林"肆意酣饮"，而是以茶代酒。至于茶会，钱起《过长孙宅与朗上人茶会》诗说："偶与息心侣，忘归才子家。玄谈兼藻思，绿茗代榴花。岸帻看云卷，含毫任景斜。松乔若逢此，不复醉流霞。"

这种以茶代酒的茶宴，不仅清雅，还可以"不令人醉，微觉清思"。吕温《三月三日茶宴序》说：

三月三日上巳，禊饮之日也，诸子议以茶酌而代焉。乃拨花砌，憩庭荫，清风逐人，日色留兴。卧指青霭，坐攀香枝，闲莺近席而未飞，红蕊拂衣而不散。乃命酌香沫，浮素杯，殷凝琥珀之色。不令人醉，微觉清思，虽玉露仙浆，无复加也。

吕温，山东泰安人，贞元十四年进士，是柳宗元、刘禹锡的好友。这次禊集本来是饮酒的，但与会诸君子却建议以茶代酒。以茶代酒的确是魏晋至隋唐一个重要的文化转变，因为茶可以解酒，《广雅》说茶"其饮醒酒，令人不眠"，刘禹锡《西山兰若试茶歌》就说："白云满碗花徘徊，悠扬喷鼻宿醒散。"黄庭坚《茶词》也说："汤响松风，早减了二分酒病。"而且饮了茶之后，"口不能言，心下快活自省"。这种境界也就是韦应物《喜园中茶生》诗中所谓"喜随众草长，得与幽人言"。陆羽好友名僧释皎然《饮茶歌请崔石使君》诗也说："一饮涤昏寐，情思爽朗满天地；再饮清我神，忽如飞雨洒轻尘。三饮便得道，何须苦心破烦恼。"唐代的名士已从饮茶中，探索到一个禅意的境界，这种境界不是嗜酒如命的魏晋名士所能意会的。

皮鹿门是晚唐的学者和诗人，据《酒史》说："皮日休性嗜酒，自戏称酒士，又自谐曰酒民。"著《鹿门隐者》六十篇，并作《酒箴》曰："酒之所乐，乐在全真，宁能我醉，不醉于人。"皮日休虽然嗜酒，但却更好茶，他和好友陆龟蒙唱和的《茶中杂咏》十首：茶坞、茶人、茶笋、茶籝、茶舍、茶灶、茶焙、茶鼎、茶瓯、煮茶等，他们的唱和，将唐代制茶与饮茶的情景都咏唱出来了。皮日休的《煮茶》诗说："香泉一合乳，煎作连珠沸，时看蟹目溅，乍见鱼鳞起，声疑松带雨，饽恐生烟翠，倘把沥中山，必无千日醉。"白居易也是好酒又爱茶的，他的《食后》诗说："食罢一觉睡,起来两瓯茶。举头看日影,已复西南斜。乐人惜日促,忧人厌年赊。无忧无乐者,长短任生涯。"只有在酒后茶余,才能体会到这种恬淡的心境,和陶渊明的"采菊东篱下,悠然见南山"的意境相似,和魏晋名士向道羡仙完全不同。

唐宋名士品茗,所谓"一人得神,二人得趣,三人得味,七八人是名施茶"。茶会茶宴虽雅,但人多哄杂,无法品出茶的神韵来。一人独酌,自有幽趣,"紫门反关无俗客,纱帽笼头自煎煮"的卢仝深得其神,卢仝的《走笔谢孟谏议寄新茶》就品出不同的境界:

> 碧云引风吹不断,白花浮光凝碗面。一碗喉吻润,两碗破孤闷,三碗搜枯肠,唯有文字五千卷。四碗发轻汗,平生不平事,尽向毛孔散。五碗肌骨清,六碗通仙灵,七碗吃不得也,唯觉两腋习习清风生,蓬莱山,在何处? 玉川子乘此清风欲归去……

卢仝隐居少室山,自号白玉川子。卢仝好茶,乌斯道说卢仝"平生茶炉为故人,一日不见心生尘"。把佳茗比佳人的苏东坡,也欢喜自己煮茶,他的《汲江煎茶》说:"活水还须活火烹,自临钓石取深清。大瓢贮月归春瓮,小杓分江入夜瓶。雪乳已翻煎处脚,松风忽作泻时声。枯肠未得禁三碗,坐听荒城长短更。"东坡不仅精于烹饪,也会煮茶,他的《试院煎茶》道出了他煮茶的经验:

蟹眼已过鱼眼生，飕飕欲作松风鸣。蒙茸出磨细珠落，眩转绕瓯飞雪轻。银瓶泻汤夸第二，未识古人煎水意。君不见，昔时李生好客手自煎，贵从活火发新泉。

在苏东坡故乡四川羁留十六春的陆游，不仅爱蜀山蜀水和蜀馔，甚至连煎茶的方式也效蜀人。陆游《效蜀人煎茶戏作长句》："午枕初回梦蝶床，红丝小硙破旗枪，正须山石龙头鼎，一试风炉蟹眼汤。岩电已能开倦眼，春雷不许殷枯肠，饭囊酒瓮纷纷是，谁赏蒙山紫笋香。"他那首《夜汲井水煮茶》，更道出其中幽趣："病起罢观书，袖手清夜永。四邻悄无语，灯火正凄冷。山童亦睡熟，汲水自煎茗。锵然辘轳声，百尺鸣古井。肺腑凛清寒，毛骨亦苏省。归来月满廊，惜踏疏梅影。"

东坡、放翁汲水自煎茶，深得品茶的神味，在煎茶过程中汤候是一个重要的步骤。明朝许然明的《茶疏》说："水一入铫，须急煮，候有松声，即去其盖，以消息其老嫩。蟹眼过后，水有微涛，是为当时。大涛鼎沸，旋至无声，即为过时。过则汤老而香散，决不堪用。"汤候虽然重要，但没有好水就煎不出好茶。所谓"精茗蕴香，借水而发，无水不可与论茶也"。苏东坡"自临钓石取深清"，就是为了择水。陆羽《茶经》论择水说："其水，用山水上，江水中，井水下。"又说："其山水，择乳泉，石地漫流者上，其瀑涌湍漱勿食之……其江水，取去人远者，井取汲多者。"扬子江中的濡泉被陆羽视为天下第一泉。杨万里《舟泊吴江》诗说：
"江湖便是老生涯，佳处何妨且泊家，自汲松江桥下水，垂
虹亭上试新茶。"写尽了落拓江湖的情怀与品茗的情趣。

隋唐以后，饮茶的风气渐渐普遍，唐宋的士人不仅脱离
了魏晋狂放饮酒的风气，并将饮茶提升到诗情禅意的境界。
这种境界的出现，由当时的社会文化形成，有其时代背景和
意义，这又是另一个论题。但从魏晋时期的嗜酒，到隋唐以
后的品茗，都是中国文化转变过程中一个重要历程，而且是
非常缓慢与迂回的。

陶渊明喝的酒

前年春天到京都,大雪已落罢,只剩下几朵残留的雪花,偶尔飘在灰暗的天空里。这么多年没有接近雪了,就是一片雪花跌落在身上也舍不得抖掉,看着那转瞬即融的雪珠,童年的欢欣也随之冉冉升起。但对着那河堤旁干枯的垂柳;老树丫上蹲着的昏鸦;寂寞长巷里,把头缩在衣领里顶着寒风匆匆走过的异国人……又使我有回到北国故乡的惆怅。

把自己投向一个陌生的异国,所学的竟是自己祖国的历史,而且又是一段动乱时代的历史,其心情的沉重是可以想见的。所以有一次访问北洛山下石川丈山的诗仙堂归来,想着那个小屋的墙壁上,拥挤着包括陶渊明、白居易在内的二十六位中国诗人的画像,他们竟寂寞漂泊了几百年。饮罢瓶中的残酒,不觉悲从中来,而写下:

来此非为千年之会
只想问

江州司马的青衫
今遗何处
累我千里来奔
满眼天涯泪，竟无处可弹

你们当有泪
亦当有泪似我
一如我似池萍漂泊

　　我写下这首似诗非诗，似同情他们的漂泊，又感叹自
己的沦落的东西，是写实的，至少在心境上是写实的。因为
我的确过了大半年漂泊与世相绝的日子，有时拉起脸一个星
期不和人说一句话。虽然，我也曾挤在匆忙的人群里，看着
他们脸上陌生的欢笑，我仍然是寂寞的；虽然，我也曾和友
人在鸭川旁，看着对岸的千窗灯，饮酒到深夜，然后相拥狂
歌而归，我仍然是孤独的。因为揪不断那缕缠着我的离乱情
绪。于是谢绝友人们导游的好意，自己拿着京都之旅的"案
内"，开始我独自的京都漫游。我曾在月夜独步疏水，我又
在晨曦里访问黑谷；我曾在黄昏徘徊化野，我又在梅雨里到
岚山。咀嚼着那份天地与我独往来的悲凉，我已经能体会陶
渊明"结庐在人境，而无车马喧"的自我放逐的诗意境界。
　　一天黄昏，我的指导教授平冈武夫先生请我喝酒。走
在白川道上，踩着一地枯黄的银杏叶到"十二段家"去。

"十二段家"是个很别致的名字，平冈先生告诉我这是一个戏的名字，叙说"忠臣藏"的故事。这个戏分成十二段，从黎明开演，到上灯时分才结束。他儿时还看过，现在已经不演了。这个店就取这个风雅的名字，这里的涮牛肉是非常有名的。

挑开酒帘，脱了鞋走上玄关，堆满笑容的老板娘正躬腰相迎。我环顾四周，店里陈设一如其名很朴雅。在登楼转角矮几上搁着一个花瓶，瓶里插一丛含苞的花，细小的白色蓓蕾，密密地依托在长长的枯枝上。我端详了很久，站在背后的平冈先生说这是棠棣花。棠棣之花过去只在书上读过，觉得那该是很遥远的事了，没想到现在却在异国真正看到，平添了几许思古幽情，也增多我又一份飘零之感。

我们登楼，踞坐在榻榻米上，几上已置妥老板娘备好的下酒菜肴。那是一只描蓝花带盖的大瓷盆，平冈先生揭开来，四色菜置在四个空旷的角落里。现在我只记得有四条烤黄的寸长来的小鲫鱼，衬托在绿色的生菜上，另一角落是四块长方形凝结的青毛豆，像四块小小的水晶图章，枕在四条细长而渍过的紫色嫩姜芽上，这盆菜虽然空洞，色彩却是很鲜明调和的。

不过，吸引我兴趣的，还是摆在平冈先生身旁的两大樽月桂冠的酒。我往常喝的月桂冠都是清澈似水，这种酒却浓似牛乳。平冈先生说这是陶渊明喝的酒，不过还没有用他的头巾滤过。我来得正是时候，这种酒只有在春天这个季节才上市。喝这种酒用的酒盅也和往常不同，是一种方形的粗玻璃皿，容量也比较大些，正合陶渊明所喝一合的量，十合就是斗酒之量了。酒斟在杯子里，淡绿的杯沿衬着白色流动的液体，在灯光下闪闪发光，也许这就是古时常说的琼浆玉液吧。我端起来浅尝了一口，虽然甜得有点腻，还是很容易上口的。

在平冈先生呵呵的笑声里，我不知饮下多少合，我只记得穿过许多五彩缤纷灯光的街道，才回到自己的宿处。我醉了，是我到异国后春醪初尝就醉了，我不知道踉跄的归途中是否曾引吭高歌。不过，我却觉得我做了这么多年魏晋南北朝史的学徒，也读过些陶渊明的诗文，从没有像这次和靖节先生那么接近过。因为我不仅漂泊在异国，也漂泊在乱世。而不论什么时代的乱世，那种漂泊的感受总是相同的。

第二天，宿酒乍醒，再读青木正儿编的《中华饮酒诗选》，里面录了些陶渊明有关酒的诗，从"一觞虽独进，杯尽壶自倾"的酒诗情趣里，寻找到陶渊明另一个宁静的世界。这种宁静是尘世的宁静，和魏晋文士诗里栖隐超脱的仙境宁静完全不同。他的酒趣和魏晋"名士不须奇才，但得无事常痛饮，读《离骚》"也不一样。他已摆脱魏晋名士的饮酒狂放和向道慕仙的苦闷象征，再回到真实的人间。虽然他对自己所生存的"自真风告逝，大伪斯兴"时代不满，但却不企图摆脱。在他诗里的"人事固以拙，聊得长相从"，正表达了这种心情。只是他在无法与现实社会调和后，而采取

73

了一种"白日掩荆扉,对酒绝尘想"的自我放逐和隔离。在他自我放逐和隔离的生活中,他一方面欣赏"采菊东篱下,悠然见南山"忘言的自然情趣,开荒南亩与村老把酒话桑麻的田园生活;另一方面他又读《山海经》和历史上心仪的人物,这是两种不同的境界。在这两种境界无法平衡时,那种"人生无根蒂,飘如陌上尘"的平淡中渗着悲凉意境,便出现在他的诗里,透露了他内心深藏的孤独。不过,这两种不同的境界却透过"一夫常独醉"的酒,最后终于融合在一起。他所创造的桃花源,就是这么一个融合的世界。

也许我们从这个角度,而且也生活在乱世,可能会对陶渊明的诗意有另一种心领神会。

附记:我写过一篇《何处是桃源?》,结尾这样写着:"我们似乎不必斤斤计较桃花源究竟在哪里,但却应该保留陶渊明所创造的那份诗情画意,使任何一个时代,处于乱世,而无山林可供逃隐的人们,拥有一个怅望青山,仰观白云,暂时遐思的权利!"这篇文章只是对陈寅恪先生的《桃花源记旁证》,提出另一个看法,算是历史考证文章,并没有探索陶渊明的诗意。在京都系留这段日子后,才体会到陶诗里的自我放逐与自我隔离的境界,当然这还是以离乱为前提的。

辛亥岁末寒夜苦雨中

嵇康过年

鹅毛似的飞絮已歇，嵇康兀坐在窗前，透过窗棂的空隙，有似箭的寒风射进来。但他却也从那空隙里，窥视着庭院外那片辽阔的竹林。每当七月熏风吹拂时，这里是一片碧绿的海。在起伏的波涛下，有书声琴韵，有争得面红耳赤的谈辩，有醉后的呓语，偶尔也会扬起高亢激昂的呼啸，还夹杂着打锻铁的叮当声……现在却被厚厚的瑞雪覆盖了。一阵朔风呼啸而过，弹碎枝叶上的雪，悄悄地寂寂地跌在郁白的雪地上，在这苍凉单调的白色里，除了檐下几声麻雀的啾啁，留下的只是亘古的沉寂。

低沉的彤云像飘扬在塞上的旗帜，被风翻卷着，竟掀起了今年最后的黄昏。夕阳的余晖映红了白色的竹林，"怎么，一年又这样过去了！"嵇康轻轻地叹喟着。然后他站起身，把挂在墙上许久没有弹的琴取下来，拂了拂附在琴上的飘尘，搁在几上，踞坐着拨弄起来。"弹什么好呢？"他想，还是弹一阕《广陵散》吧。于是他用熟练的拨剌拂滚指法，抚动着商弦和宫弦，两根琴弦同时发出宏浑低沉的共鸣。突然他的手指在琴弦上凝住了，接着他又深深地叹了口气。他想如果有阮仲容的琴，阮嗣宗的琵琶相和，再加上刘伯伦醉后唱的那段不合节拍的"投剑"，就热闹多了，现在他们又在哪里？刚浮在他消瘦枯槁脸上的那丝笑意，像窗外那抹夕阳，顷刻间又被风吹散了。"人生真是聚散无常。"他低低地说。

他又站了起来，披上一件褐衣，下了炕穿上屦，走到厅堂里来，厅堂里寂寂，但却收拾得干干净净，连他们嵇氏祖先的神主牌都擦亮了。看着那供在厅堂正中的神主牌，他不觉笑了起来，想想他的祖先一年难得洗几次脸，只有这个时候，家里人才想起它。大概很少人再会想到，只有他们的祖先原来住在会稽的时候，姓的是奚，后来迁离了会稽，为了不忘本，才创了这个嵇字为姓。其实姓什么都是一样，都不过是个符号罢了，有和无之间，本来就没有什么严格的界限的。

他信步走到厨下，厨房里正闹哄哄地在忙过年。太太指挥着家人大小穿梭着团团转，灶里吐着熊熊的火舌，灶上的蒸笼一层层堆得很高，四周冒着团团白白的蒸气。扩散的蒸气里掺和着菜肴的香味，嵇康不觉咽了口唾沫。

"快把小绍和大妞带走，别在这里缠人碍事。"他太太忙着在案上揉面，望着慢慢踱进来的嵇康说。

嵇康转过头去，看见他的儿子嵇绍和大女儿正蹲在屋角的小案前，把桃枝和芦苇扎成小把，身旁散着许多桃枝和干

76

枯的芦草。嵇康看着他姊弟俩聚精会神地扎捆着，脸上堆着
过年的欢欣，他想，过年该是孩子们的事。是的，过年是孩
子们的事，对于他似乎已经很遥远了。不过，还记得小时候
过年，也和哥哥嵇喜蹲在小几边，把桃枝和芦草扎捆起来，
然后在每扇门窗口挂一支，那是可以避百邪的。他哥哥嵇喜
总是一遍又一遍地叙述那同一个故事……

“弟弟，你知道吗？”嵇喜一面把桃枝和芦草挂在门上，
一面对跟在后面的嵇康说：“过年的时候，鸡一鸣大家都得
起来！”

“咱们哪次过年夜里睡过？”嵇康说。

“我们不睡，是为了等鸡啼。人家说在桃都山里，有棵
大桃树，很大，很大，从根到枝有三千多里。树顶上蹲着一
只金鸡，太阳一冒红，它就啼个不停。树下有两个神，一个
叫郁，一个叫垒。手里拿着芦苇拧成的绳子，专在那里等待
过路的恶鬼。恶鬼来了，就把它用芦索捆起来杀掉。你知道
吗？”

“我怎么不知道，你还不是听那个老苍头说的。”嵇康不
耐烦地说。

“是呀！那天他还说，要为我们用桃木雕两个人，一个
叫郁，一个叫垒。头上再插上雄鸡毛，站在大门两旁，那才
好玩呢。”嵇喜说。

“爹说他下乡收租去了，现在都还没回来，哪有工夫为
我们雕。”

"等明年一定让他为我们雕两个，现在只有挂这些了。挂这些也是一样，一样可以避邪的。"

"总没有两个桃木人好玩。"

想着想着，嵇康抖落了一身的萧索，也感染了过年的欢乐。于是，他说：

"大妞，快到外面给我屋里炕添点火。儿子，把那支木棒拿来，到我屋里去，我蘸着苇炭，给你们画个大老虎，贴在门上，可以避各种厉鬼。"

"你还会画虎？"他太太笑着说。"我看画虎不成反类犬吧。"

"不管像什么，只要我心里认为它是虎就成了，走，儿子。"嵇康说着就往外走。

"你爹三个，等会别忘了喝桃汤，那倒是真的可以避各种邪气，抵制百鬼的。"

"知道了。"

"还有，还有……"她没说完，嵇康已经走远了。

嵇康把虎画好，叫儿子把那只瘦得像病猫似的虎，贴在堂屋的大门上，然后走到灶下，捉了只公鸡，提着菜刀，站在堂屋门前。"儿子，大妞，站远点，我要磔鸡了。"他对站在身后的一对儿女说。话还没有说完，一刀就把鸡头剁下来，随即将挣扎的鸡向上一举，鸡血溅在门上那张虎画上，然后将鸡向阶下一抛，鸡还在颤动着，最后两条腿一挺，静静地躺在雪地上，殷红的血点点滴滴洒在雪地上凝固了。然

78

后又对他的孩子说：

"明天初一是鸡日，初二是狗日，初三是羊日，初四是猪日，初五是牛日，初六是马日。这一天就不能杀这种牲畜，还得把灰和着粟豆撒在屋里，招它们进屋过年。初七就是人日，这一天照理是不能处决囚犯的。"

"爹，那鸡好可怜。"大妞望着鸡说。

"别说了，快把鸡提给你妈。"嵇康说，"别忘了向你妈要些芝麻、赤豆、干姜撒到井里，过了年喝井水，可以防百病。"

嵇康回到屋里，嵇绍拿了一串钱跑进来，喘着说：

"爹，妈说把这串钱系在床脚上，许个好愿。"

"有什么愿好许？"嵇康一面说着，一面把钱系到床脚上。"真是妇人之见。"他说到"妇人之见"时，不觉笑了起来。今年夏天刘伯伦到竹林来，说他去年过年时，怕暴饮坏了身子，他太太逼他戒酒。刘伯伦就说戒酒可以，必须备些酒菜在神前起誓，从此以后再也不喝酒了。于是他太太高高兴兴准备了酒菜，刘伯伦便跪在神前起誓说：

"天生刘伶，以酒为名，一饮一斛，五斗解酲，妇人之言，慎不可听。"

起罢誓，就把酒肉喝光吃光。嵇康想着想着忍不住大笑起来，站在身边的嵇绍呆呆地看他，等他笑罢才说：

"妈说，要您准备降神，祭祖呢。"

嵇康换了件衣裳走出屋，看堂屋里香烛已经点燃，家里大小都在等着他。他就率领着家小向神和祖先叩首。然后又和他太太坐下，接受家人大小的拜叩。行过礼，就开始吃年夜饭了。嵇康先酌了椒花酒，端起来闻了一下说：

"今年的椒花酒泡得不错。"

"椒花是去年过年时采的，柏子是今年七月收的，泡了这么久，哪能不香。"他太太说。

"柏子的味道的确香，麝就是吃柏实长大的，所以才生麝香。泡得不多，留些给刘伯伦喝。"

"还有好几石呢，够那个以房屋为衣裤的刘伶，醉好多天的。你先喝点尝尝。"

"今天不行，今天是过年，照规矩得小绍先喝，他年纪最小，先喝一杯，贺他得岁，然后你们一个一个依次喝。我最后喝，因为我年纪最老，我喝是悲我又失去一岁的光阴。"嵇康把酒杯搁下，望着嵇绍皱着眉头喝下第一杯椒花酒，然后吐舌头吹气说："好辣！"

吃罢年夜饭，嵇康的太太，吩咐下人把吃剩的菜肴，都倒在大门外的大路上去。这样就算除旧迎新了。

嵇绍拉着已有七分醉意的父亲嚷着：

"爹，开始庭燎吧！"

"不！"嵇康醉眼惺忪地望着他儿子说："我得先问问你，为啥要庭燎？"

"爹不是说过，"嵇绍急促地说，"东方朔的《神异经》里所讲的，西方深山里有一种叫山臊的恶鬼，虽然只有尺把

80

长，如果人被它侵扰了，就会生忽冷忽热的病。只是它最怕
爆竹的响声，爆竹一响就把它吓跑了。除了山臊还有其他的
鬼，所以，还得把枯草堆起来，在庭院燃烧，等熊熊的火光
燎起，所有的鬼都吓跑了。"

"对，对。"嵇康扶着嵇绍的肩膀，踉跄地朝外走。

庭院的燎火已经点燃了，红色的火舌在北风煽动下，向
四处奔窜延展，映得四周的雪地似酒后的酡红一片。嵇康凝
视着跃动的火烛，一股原始的冲动突然在他心里燎原燃起，
他想高声啸叫，就像那次他入山采药，在汲郡共北山悬岩百
仞的郁郁丛林里，遇见在那里隐居的孙登，嵇康就留下来和
他一块生活，两个人共同生活了沉默的三年后，嵇康要走
了，忍不住开口对孙登说：

"我要走了，难道您一句临别赠言都没有？"

"你知道火烧起来会发光吗？"倚靠着山岩箕坐的孙登
睁开了微闭的眼睛，注视嵇康好一会儿，才没头没尾地说：
"火不用还是照样亮，人的才情也是一样。不过，火的光靠
柴薪保持，人的才情就在于有识无识了。你呀，你是才多识
寡！"接着孙登就由箕而蹲，高声啸叫起来，那啸声绵绵不
绝从他丹田吐出来，越过丛林，扩散到整个山谷，山谷里激
荡他啸叫的回声；那回声感染了嵇康，嵇康也随着啸叫起
来。那啸声突然解开了嵇康心里的死结，刹那超越了名利和
物情，抓住了永恒的生命。于是啸声戛然而止，连一声"后
会"也没说，离开沉默生活了三年的岩穴，扬长而去。

几声爆裂的薪柴和枯竹声，撕碎了他的沉思。他抬起头来，看到浓浊的烟雾弥漫了整个庭院。烟雾外是竹林蒙蒙的影子，他仿佛看到堆着满脸笑容的山涛向他走来。想到山涛，他心里多少有点歉意，今年夏天，山涛兴冲冲来到竹林，告诉大家他又要迁升了，并且说要推荐嵇康出任他遗下的选曹郎。嵇康正和阮籍在那株树下打铁，听到山涛的话，心里很不高兴，就停下工作，扭转头来对山涛说：

"官家的事，我是干不了的。"

"怎么干不了，我看你倒满适合的。"山涛笑着说。

嵇康弯下身子，在旁边小池子里掬了一把水向脸上一抹，抹去了满脸的汗珠，走过来，找了老树的丫枝坐下，对山涛说：

"当然，我干不了。第一，我欢喜睡懒觉，有晚起的习惯。我睡着了任谁也喊不醒，我没法定时上班。第二，我欢喜抱着我那把破琴，四处走动吟唱，又欢喜去杂草丛生的河边钓鱼。当了官，走到哪里都有个随从跟在后面，破坏了我的情趣，我没法忍受。第三，当官得穿朝服，穿上朝服麻烦就多了，得正襟危坐，不能摇不能晃，坐久了屁股就发麻。再说我身上向来虱子多，裹上朝服，我就失去挤虱子的乐趣，还得向上官作揖礼拜，我受不了。第四，我向来不欢喜提笔写字，当了官闲事多，就得提笔批阅堆得满案的公文，再说人家来了八行书，就得复，如果不酬答，就会被指责犯教伤义。勉强自己做官，做了一会儿就烦了。"

"还有没有？"山涛仰着脸问。

"还多得很，第五，我不喜欢吊丧，但大家却偏偏注意这种俗套，当了官就免不了这种俗套，如果不去，就被人怨恨成恶意中伤。虽然我也常常自责，但生性如此，改不了，没办法。第六，我向来不欢喜俗人，既然当了官，就免不了和那些俗人共事，满座的宾客，聒耳不休的谈话，眼前又是低俗歌舞，这也是我无法忍受的。第七，当了官，鸡毛蒜皮的事都管，我遇到这些事就不耐烦……"

"这些都是你个人的琐事，都是小事。"山涛说。

"琐琐小事，还有大事呢，我常常欢喜批评汤武，菲薄孔周，这是礼教万万难容的。我的脾气又特别刚直，疾恶如仇，欢喜轻率直言，遇到事一触就爆，这是别人无法忍受的。"

"这些都好商量的，只要你答应干，什么事都可以解决的。"

"我看，你还是饶了我吧，我希望做一介草民，居于陋巷之中，浊酒一杯，弹琴一曲，能和亲旧叙叙家常，和朋友说说平生，就心满意足了。"嵇康顺手端起身边几上的一杯酒，一饮而尽。"山公，不要再逼我，再逼我，就算你没有我这个朋友。"

"真有那么严重吗？"

嵇康点点头没有回答，又回去和等在那里的阮籍叮当叮当地捶起铁来。后来山涛走了，不久又来信催他，嵇康写了封信，把在竹林里说的话，更具体重说了一遍，就和山涛绝交了。

嵇康对自己这样任性而失去了一个老朋友，心里想起来就有点不舒服。他想，现在山涛大概正跪在殿前的阶上，贺皇帝的万岁正旦吧？

"你妈呢？"嵇康向站在他身旁的女儿说。

"妈为我们准备明天一大早吃的生鸡蛋、胶花糖、五辛果去了。"

"过年就是吃，想尽了方法吃，我看总有人会把肚子吃坏的。"嵇康自言自语地说。一阵北风迎面扑来，吹醒了他几分酒意，他想他该去弹弹琴，那阕《广陵散》，要很长的时间才能弹完，虽然知音都在关山外，他还是要弹给他们听的。

中国第一本食谱

——《崔氏食经》

　　讨论中国人的社会与生活，饮食无疑是一个重要的环节，也就是食的问题。孟子说："食色，性也。"即所谓"人之甘食、悦色者，人之性也"。人的本性都是好吃好色的，食和色是人类基本的欲望。这种基本的欲望是构成人类社会发展的基础。如果从这个基点出发，讨论中国历史文化的发展，将会发现许多过去忽略，但却非常重要的层面和因素。

　　但关于饮食的资料，中国正史记载非常少，甚至可说是一片空白。因此必须从其他方面，包括地下的发掘、民俗、文学家的诗词和小说中寻找。这是一个尚未开拓的研究领域。

　　除了上述的材料外，食谱也是一个非常重要的资料来源。透过一些过去的食谱，可以了解一个时代的饮食风貌和饮食习惯，进一步了解这个时代的社会现象。所谓食谱，就是记载食物烹调与制作方法的图书。这些食谱都是以火和水为媒介，对食物进行的烹调和制作，特别重视水火相济的火候，和现在用微波炉的烹调不同，而且这些食谱是没有彩色图片和影像的。

　　饮食虽小道，但在中国传统目录学中，仍占一席之地。中国传统目录学是辨其流别，考镜源流的。因此，透过目录的分类，可以对这些记载饮食之道食谱的性质，有一个概略的了解，并且对中国饮食文化与思想有一个认识。

　　关于中国传统的食谱著作，《汉书·艺文志》中未见著录，但元代韩奕《易牙遗意》序里认为，魏晋南北朝时期的食谱已多至百余卷，也就是说，食谱之作起于魏晋。对这些著作，《隋书·经籍志》分别置于《诸子略》的农家类与《方技略》的医方类，这种分类方法有助于追寻中国饮食思想的根源。

　　所谓农家，《隋书·经籍志》说："农者，所以播五谷，艺桑麻，以供衣食者也。"这是儒家的饮食观念。也就是"书叙八政，其一曰食，其二曰货"。孔子曰："所重民食。"自古以来的君主，所重的都是"民食"。所以，君字的字形从彐从口，君主是负责食物分配的，这种观念一直影响到现代。至于医方，《隋书·经籍志》说："医方者，所以除疾疢，保性命之术者也。"

　　医方渊源于道家，道家和儒家思想最大的不同，儒家思想比较重视集体的利益，忽略个人在集体中的价值和作用，道家则肯定集体中个人的价值和尊严。这两种价值取向不同的思想，自古以来就是"道不同不相为谋"。两种不同的思想，形成两种不同的饮食观念。儒家的饮食观念是"维生"，维持生命的存在；道家则是"养生"，企图将有限的生命作

唐吟方 绘

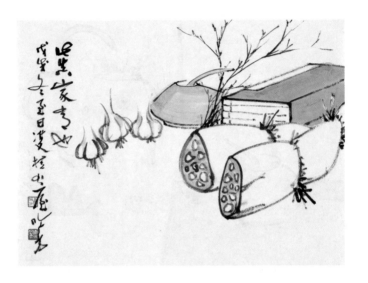

唐吟方 绘

无限的延续。不过，这两种道不同不相为谋的思想，却在食谱中会合了。自宋至明清的食谱著作，往往将儒家的"维生"与道家的"养生"相提并论，的确是非常有趣的事。

不过，中国最早的食谱《崔氏食经》，著录于《隋书·经籍志》中的《方技略》医方类，但表现的却是典型的儒家思想。《崔氏食经》的作者崔浩，于北魏太武帝太平真君十一年（450）六月被杀，并且株连了他们宗族和追随者数百人，罪名是"尽述国事，备而不典"。这是中国历史上著名的"国史之狱"。但由于《魏书》对这次大狱的记载语焉不详，语多混淆，许多史学家对这个因文化接触而引起的残酷政治斗争问题，产生不小的兴趣而进行各方面的探索。

崔浩是北魏前期重要的政治人物和政治领袖，有许多关于儒家的经典和史学著作。在崔浩的许多著作中，竟有一部食经。而且这部《崔氏食经》，也是中国文献记载中最早的一部关于饮食烹调著作。崔浩许多重要的著作都已亡佚。但他的那部《崔氏食经》，却因为贾思勰《齐民要术》的引用，意外地被保存下来。从这些资料里发现，崔浩在领导学术研究和日理万机之余，竟有闲暇关心饮食细事。

《齐民要术》实际引用《崔氏食经》三十七条，不过仔细考证前后引用《崔氏食经》的材料，当在百条以上。所以，《齐民要术》保存了《崔氏食经》丰富的材料，以这些材料与《魏书·崔浩传》的《食经叙》结合起来，这部见于中国目录书记载的古老食经原来面目，似乎可以复原了。

《隋书·经籍志》农家类，有《齐民要术》十卷，魏高阳太守贾思勰撰。贾思勰平生不详，或谓他是北魏齐郡益都人。北魏的高阳和齐郡，都在现在的山东境内，所谓"齐民"，可作一般平民百姓解。《齐民要术》是一部记载当时山东一带，包括黄河中下游，农业技术与人民生活情况的著作，而且是一部总结自汉以来《氾胜之书》、崔寔《四民月令》的农书。书前有贾思勰的自序，节录了自上古以来诸家论农事稼穑的要言，特别是汉以来黄霸、任延、杜畿等地方官吏，教民耕作与改革农业技术的施政资料。所以，《齐民要术》可能是贾思勰为高阳太守时，将教民务农桑、得免于饥寒的治民资料编纂成的一部书。

贾思勰《齐民要术》的自序，说明这部书的体例与篇目的编排，以及对材料采摭与取舍的态度。所谓"舍本逐末……日富岁贫"的商贾之事阙而不录，而"徒有春华，而无秋实"的花草之流，无补人民的生计，也不在编辑之列。由此可以了解，《齐民要术》以实用为目的，基础根植于中国的民本思想，也就是人民以务农为本。务农为本的目的，是解决人民食的问题。《齐民要术》的篇目次第，"起自耕农，终于醯醢"，就是这种思想具体的表现。

所谓"起自耕农，终于醯醢"，是取得民食的过程。《齐民要术》的目次编排就是这个过程的发展。前六卷是农作物及农业副产品的培育，包括粮食、菜蔬、瓜果、丝树、桑麻的种植和栽培，家禽、家畜及池鱼的饲养。后四卷则是食物的贮藏、加工与制作。包括第七卷六十三是食物的储藏技术；第六十四至六十七是曲与酒的培养和酿造，第八卷六十八、六十九是盐的净化，七十至七十三是豉、醋的制作，第七十四至第九卷八十一是各种菜肴的烹饪方法，即取自《崔氏食经·食次》的食谱，第九卷八十二至八十七是主食的制作方法，八十八是菹、藏生菜法，八十九是汤饼的做法，九十至九十一是煮胶及笔墨的制作法，最后第十卷则是"五谷、果蓏、菜茹非中国物产者"，所谓"非中国物产者"，也就是非当时北魏统治地区所能生产者。《齐民要术》所列的卷目，反映了当时黄河中下游的中原地区，自给自足的农业社会经济形态。这种社会经济形态，正是《颜氏家训》中所谓除了食盐之外，一切无须外求，"闭门而为生之具以足"。《齐民要术》正提供了这样一个社会生活条件，而且内容非常丰富。除了饮食之外，还包括冶陶、伐木、制造家具等手工艺。在这种内容丰富的生活条件支持下，就出现了酱、菹、齑、鲊、羹、臛、蒸、焦、瀹、炒、脯、脨、臭、煎、拌、炸、醉、糟、蜜、烧、冻等多彩多姿的烹调技术。

《齐民要术》所提供的生活条件，不仅反映了当时农村社会自给自足的自然经济形态，同时也表现了永嘉风暴后，黄河流域特殊的历史环境。永嘉风暴后，黄河流域戎狄盗贼交侵，政治社会秩序彻底破坏，中原士民避走他乡。有北托慕容氏政权的，有西走凉州的，有南渡江左的，但还有大批不能背井离乡远走他方的，于是就纠合宗亲乡党、屯聚

坞堡，据险而守，以逃避戎狄盗贼的侵扰。如苏峻纠合千
家，结堡本县；田畴入徐无山，营深险敞平地，躬耕以养父
母，数年来聚者五千余家；郗鉴与千余家，俱避难于鲁国峄
山中；等等。他们为了求生存，据险筑堡自守，不仅躬耕自
给，武装自保，并为了维持坞堡内部的团结安定，形成一系
列自我约束的规范，在动乱的黄河流域，成为一个个自给自
足、自治自卫的社会单位。

这些在中原动乱地区的坞堡，为了解决生活与生存问
题，诚如陈寅恪《桃花源记旁证》中所说："必居山势险峻
之区人迹难通之地无疑，盖非此不足以阻胡马之陵轶，盗贼
之寇抄也。凡聚众据险者固欲久支岁月及给养能自足之故，
必择险阻而又可以耕种及有水泉之地。其具备此二者之地必
为山顶平原，及溪涧水源之地，此又自然之理也。"中原地
区人民据险筑堡自守，必择山险水源之地。但坞堡于险阻之
处，受自然环境的影响，耕地有限，必须在有限的土地上，
积极生产大量的谷物、菜蔬、桑麻，解决坞堡避难者的衣食
问题，这些作物种植分布在坞堡四周，由于地少人多，必须
改革耕作的制度与技术，《齐民要术》对小面积土地的精耕
深种、施肥、播种、选苗都有详细说明，并且鼓励人民"如
去城郭近，务须多种瓜、菜、茄子等，且得供家"。所以，
虽然贾思勰的《齐民要术》总结了汉以来北方农业技术的发
展，但在某种程度上，却反映了永嘉风暴后，黄河流域坞堡
社会经济的特色。贾思勰说他的《齐民要术》"起自耕农，

终于醢醢",完全自己生产与制作,一切无须外求,正是魏晋南北朝时期坞堡自然社会经济形态的表现。

和《齐民要术》相比,《崔氏食经》表现了当时另一种历史现象。《齐民要术》引用了许多《崔氏食经》的饮食资料,事实上当时有较《崔氏食经》更精致豪华的菜肴材料。但豪门之食,甚于大官,不是一般普通百姓可以染指的。但《崔氏食经》的饮食菜肴,都是当时中原地区士民的日常饮食。这是《齐民要术》引用《崔氏食经》的原因。不过,从《齐民要术》引用的《崔氏食经》看来,《崔氏食经》对食物的制作,往往数量都很大,如"跳丸炙"用羊肉十斤、猪肉五斤,另外羊肉五斤作臛,"犬牒"用犬肉三十斤,"白饼"则用面粉一石,又反映了当时黄河流域另一种生活形态。

永嘉风暴后,中原士民四下逃散,其中留在中原地区的,一部分筑堡据险自守,另一部分则在动乱中流徙,从一个边疆政权过渡到另一个边疆政权,崔浩的外曾祖父卢堪就是这样。范阳的卢堪、清河的崔悦、颍川的荀绰、北地的傅畅"并沦非所,虽俱显于石氏,恒以为耻"。他们都是中原著名的士族,尤其范阳卢氏和清河崔氏,更是中原第一流的大族,而且范阳卢氏和清河崔氏世代联姻,崔浩的母亲就是卢堪的孙女,崔绰则是崔浩的祖父。

在动乱中患难相携,同宗姻戚相济,因而形成北方士族"重同姓"的同族共居现象。北方世族累世聚族而居,家族中财产共有,是一个非常重要的条件,有无与共是北方世家大族生活的一个特色。但累族共居，一家百余口，除了有无与共外，就是同炊共灶，家族之中共同饮食，更是维系北方世家大族累世同居的一个重要条件。所以中原世族同居共炊，与江南士族同居异炊、一门数灶的情形完全不同。

一族之中共同饮食，食口众多，这是《崔氏食经》食品制作数量多的原因。家族中的饮食由家族中的妇女主持，所以，崔浩《食经叙》说："诸母诸姑所修妇功，无不蕴习酒食。"所谓"妇功"，即《颜氏家训》所谓"妇主中馈，惟事酒食衣服之礼耳"，也就是妇女主持家族事务的衣食。在衣食之中，饮食尤为重要，崔浩《食经》一个重要的作用，就是为了家族中的妇女"朝夕奉翁姑"的需要，《崔氏食经》由崔浩的母亲卢氏口述，崔浩笔录整理，这部《食经》就是卢氏主持中馈的经验累积。

中原士族流徙于动乱之中，危亡相携，患难与共，形成与江南士族不同的累世同居社会形态。维系家族累世同居持续，还有另外一个因素，则是世代相传的家风。所谓家风，自魏晋门第社会相成后，门第之中上自父兄，下至子弟有两个共同的愿望，一则希望门第中人具有孝友的德行，在家族中和睦相处，一则希望家族成员能有经史文学的修养，前者为家风，后者为家学，二者合并而言，则为家教。尤其家族成员和睦相处，是维持魏晋门第社会不坠的一个重要因素。所以，魏晋南北朝时期的家诫、家训之作非常盛行。这种家诫、家训之作在家族经久之后，形成一种道德规范，最后变成家族成员奉行的礼法。这些家族成员奉行的礼法，是以儒家道德规范为基础，结合了家族生活的实际情况形成的。

这些礼法在家族之中，对生者以家风约束与规范，对死者则以祭祀表示崇敬。祭祀家族共同的先人，不仅是慎终追远，更可以维系家族成员的向心力，这也是魏晋门第社会特别重视丧服、丧礼的原因。各个家族有不同的祭法，《隋书·经籍志》著录世家大族的祭法、祭典一类著作甚多，它和家诫、家训一样，在当时是非常盛行的。祭法、祭典除了记载祭祀的仪式，并详细记载祭祀所用的供品，这些供品最普遍的是食物，多是死者生前嗜食之物，而且四时不同。卢堪有《杂祭法》六卷，其中若干供馔，同时也出现在崔浩的《食经》之中，所以，《崔氏食经》有些菜肴，是祭祀时的供馔。因此，这些菜肴制作过程中，出现与烹调无关的"奠时"或"半奠"的字眼，这些有"奠"字的菜肴都是祭品。

奠是祭祀用的供品，中国古代祭祀和宴飨是分不开的，祭祀后的许多食品在宴飨中食用。所以，《崔氏食经》里许多食品，是由祭祀时的奠供品转变过来的，这也是卢堪祭法中，许多祭品又出现在《崔氏食经》里的原因。这些食品的制作，不论选材、刀工都比一般食品精细，甚至上碟时也有一定的规定，这些食品正是崔浩在《食经叙》所说"四时祭祀之用"的。

所以，《齐民要术》反映了永嘉风暴后，黄河流域的社会经济情况，《崔氏食经》则表现了这个时期，流徙在中原地区世家大族的家族结构与实际生活情况。透过这两种著作，不仅对这个动荡时代的饮食风貌，而且对这个时期的社会经济情况，得到某种程度的了解。

《齐民要术》卷十为"五谷、果蓏、菜茹非中国物产者"，所谓非中国物产者，也就是当时北魏统治区不能生产的作物与果蔬。共列一百四十七种，多出于江南，这些作物与果蔬，由于气候和土壤的关系，不宜在北方种植。如《齐民要术》说："中国土不宜姜，仅可存活，势不滋息。种者，聊拟药物小小耳。"其他如杨梅、笋都是江南物产，北方得之不易，以不同方法加工贮藏，可以长久食用。

不过，最使人感到兴趣的是，《崔氏食经》却有三种烹调莼羹的方法。《齐民要术》且有种莼法，对莼菜的种植、生产的季节、采取与食用的方法，是古代文献中记载最详细的。莼菜产于江浙湖泊，北方的地理环境是无法生产的。"莼羹"自张翰以后，成为魏晋南北朝的"雅食"。当时吴郡张翰入洛，见秋风起，而有鲈莼之思，于是命驾而归，的确是非常潇洒的，后来成了思乡的代名词，进入诗词之中。西晋时，陆机到洛阳，王济就指着羊酪问他：吴中何以比敌，陆机就答以"千里莼羹，未下盐豉"，可知莼羹是江南的美味。

乳酪和莼羹成为南北不同食品的象征。南方和北方地理环境不同，生产的饮食资料也不相同，因而形成不同的饮食习惯。虽然不同的饮食习惯可以互相交流，但自南北对峙情势逐渐形成，饮食交流的机会减少，但却没有完全中断。往往通过边荒地区的间道走私，维系南北饮食的交流，《齐民要术》与《崔氏食经》中的南方口味与南方的饮食资料，可能是通过这些管道获得的。不过，这些南味或南方的饮食资料，在北方饮食生活中只是一种点缀，并不足以转变北方的饮食习惯。在当时的中原地区，和当时的政治文化形态一样，至少有两种主要的饮食习惯并存，一种是拓跋氏统治者的饮食习惯，一种是中原地区原有的饮食习惯。

拓跋氏部族进入长城，和农业文化的汉民族接触后，并且有计划地从事农业生产，虽然农业生产的范围扩大，但拓跋氏部族游牧经济的牧畜事业，并没有因此衰退。他们的生活习惯，仍然是"食畜产衣其皮"。所谓"食畜产"，也就是乌孙公主歌中所说"以肉为食，酪为浆"，肉是羊肉，酪浆以羊乳制成。这种饮食习惯，甚至在孝文帝迁都洛阳，厉行华化之后，仍然没有改变。

太和十七年（493），王肃由南方投奔北魏，最初吃不惯"羊肉与酪浆等物"，而"常饭鲫鱼羹，渴饮茗汁"。经过数年后，在孝文帝举行的宴会中，王肃却"食羊肉酪粥甚多"，孝文帝怪之，问王肃："羊肉何如鱼羹？茗饮何如酪浆？"这个故事说明孝文帝迁都之后，厉行华化，包括禁胡服、断北语、改姓氏，并且与中原士族通婚，泯灭华夷界限，似乎企图放弃自己原有的文化传统，完全融于汉文化之中。但孝文帝拓跋宏却仍然维持草原的饮食习惯，同时也反映出他所推行的华化，政治目的超越了他个人的文化理想。

根据《魏书》，前后负责拓跋氏宫廷饮食的，有阉者成轨、赵黑等，他们分别是上谷和凉州人。上谷和凉州，都处于草原和农业文化的过渡地带，这个地区的人生活在两种文化之间，对草原文化的生活方式没有隔阂的困难，能适应两种不同文化的生活习惯。由于他们熟悉两种不同的饮食习惯，所以可以主持拓跋氏宫廷的饮食。孝文帝迁都洛阳时，成轨即"从驾南征，专进御食"。另一个主持孝文帝御食的是侯刚，本出身寒微，"少以善于鼎俎，进饪出入"。侯刚祖上是代人，后改籍洛阳，侯氏是古口引氏的改姓，则侯刚是拓跋氏部族的部民。成轨却是孝文帝饮食的主要负责人，传称"高祖不豫，常居禁中，昼夜不懈"地侍候饮食，他烹调的当然是胡味，由此可知孝文帝对其原有饮食习惯是非常坚持的。

侯刚自太和中进御食，为典御"历两都、三帝、三太后"，主持宫中的御食前后近三十年。虽然拓跋氏统治者坚持自己的饮食传统，但宫廷之中，应是百味杂陈的，也有中原，甚至是南方的饮食存在。这些中原或南方的饮食，由因罪没入官的中原或南方妇女带入宫廷，如张安姬、王遗女等曾担任知御监、尝食监等宫中负责饮食的女官。她们来自江左或中原地区，因罪没入官后，负责宫中的饮食，使中原或江南的烹调技术，进入拓跋氏的宫廷之中。但这些中原或江南的饮食只是点缀，并不能影响或转变拓跋氏宫廷原有的传统饮食习惯。

农业和草原是两种不同类型的文化，基本表现在衣食方面，所谓"人食畜肉，饮其汁，衣其皮"，表现了草原文化的特质；"力耕农桑，以求衣食"，则是农业文化的生活习惯。两种不同文化接触的过程，首先影响的是生活方式，最具体的是饮食习惯，因为饮食习惯是一种文化的特质。

所谓文化的特质，是一种附着文化类型枝丫上，最小却是最强固的基本单位，而且不易被同化或融合的。即使强制两种不同类型的文化互相模仿，但经过杂糅之后，仍然保持原来的状态，而且是非常容易分辨的。这种情形最具体表现在饮食习惯方面。因为两种不同文化接触之初，最先模仿的是饮食习惯。不过，经过互相模仿与杂糅之后，吸收彼此的优点作某种程度的改变，但仍然保持原有的特质。这也是孝文帝迁都洛阳以后，虽然鼓励他的部族放弃原有的文化传统，融于汉文化之中，但自己却坚持原有的饮食习惯，其原因在此。

这种情况也明显表现在崔浩身上，清河崔氏是北方第一流的世家大族，崔浩则是自东汉以来，经西晋末年五胡乱华，留居北方未能南渡的世家大族的代表，也是北方学术领袖，曾注《易》《诗》《尚书》《论语》等儒家经典，又撰《五行论》《汉书音义》及《后晋书》等著作，更工书法。虽然他和父亲崔玄伯都能获得拓跋氏统治者的信任，并且在政治上产生很大的影响，但却坚持中原文化的优越感，并以恢复士族政治为己任。

欲恢复魏晋以来的士族政治，首先就必须维系自己的家族不坠。因此崔浩有《女仪》《婚仪》《祭仪》之作。《食经叙》说明他撰写《食经》的目的，为了保存其家族中妇女"朝夕奉舅姑，四时祭祀"的饮食资料，这正是魏晋以来世家大族家风的实践，也是他世族理想的维系。当然，他撰写《食经》还有另一个目的，那就是在胡汉杂糅的社会中，使代表农业文化特质的中原饮食传统得以持续，这是崔浩在日理万机之余撰《食经》的意义所在，也可能是后来崔浩"国史之狱"发生的潜在原因。

袁枚与明清文人食谱

　　周中孚《郑堂读书记》，其《子部·谱录类》之首，著录袁枚《随园食单》说："《随园食单》，无卷数，国朝袁枚撰。"并且说：

　　枚，字子才，号简斋，钱塘人，乾隆四年进士，选庶吉士，散馆为江南溧水县。四十后，绝意仕宦，世称随园先生。简斋本役志饮食，每食于人家而饱，必使家厨往彼灶觚，执弟子礼。四十年来，颇集众美，因问其方略，集而存之，以为是编。一须知单，二戒单，三海鲜单，四江鲜单，五特牲单，六杂牲单，七羽族单，八水族有鳞单，九水族无鳞单，十杂素菜单，十一小菜单，十二点心单，十三饭粥单，十四茶酒单。每单有子目，凡三百二十余种，虽欲不谓之饮食之人而不可得矣。然考《说郛》所载，饮食之书三十余种，则自昔有之矣，非简斋自创也，前有自序。

周仲孚称袁枚是"饮食之人"。当然，袁枚不仅是"饮食之人"，而且是清代前期的诗人领袖，文坛祭酒。袁枚之挚友赵翼《读随园诗题辞》说袁枚"其人与笔两风流，红粉青山伴白头，做官不曾逾十载，及身早自定千秋。"是袁枚退官后生活最好的写照。袁枚生于康熙五十五年（1716），卒于嘉庆三年（1798），历康熙、雍正、乾隆三世，正是所谓清代康乾盛世。乾隆三年（1738），袁枚二十三岁中举，次年中进士，选庶吉士，乾隆七年外放江南，历任溧水、江浦、沭阳、江宁等知县。乾隆十三年两江总督尹继善荐袁枚为高邮知府，被吏部驳回，次年即辞官乞养。自此绝于仕途，于金陵购得江南织造曹頫后任隋赫德的旧园，随山营造为随园。此后半个世纪，袁枚退居随园，与诗友欢聚，吟风唱月，或出外探幽，悠游于山水之间，红袖添香，诗酒风流过了一生。

一

袁枚诗文冠江南，著作等身。最初自刻《随园三十种》，其中除《小仓山房诗集》《文集》外，并有《食单》一卷，即后来的《随园食单》。嘉庆元年自订其著作时，作《杂书十一绝句》，其第十云："吟咏之余作食单，精致仍当咏诗看。出门事事都如意，只有餐盘合口难。"袁枚将其《食单》与咏诗等量齐观。《随园食单》是明清文人食谱中最脍炙人口的一种。

《郑堂读书记》著录《随园食单》于《谱录类》，其来有自，缘于《四库总目提要》。《四库总目提要》依《遂初堂书目》之例，立《谱录》一目，置于《子部·艺术类》之后。其《小序》云：

> 古人学问，各守专门，其著述具有源流，易于配隶。六朝以后，作者渐出新裁，体例多由创造，古来旧目，遂不能该，附赘悬疣，往往牵强。……明知其不安，而限于无类可归。又复穷而不变，故支离颠舛，遂至于斯。惟尤袤《遂初堂书目》创《谱录》一门，于是别类殊名，咸归统摄。此亦变而能通矣。

中国传统目录学，始于《汉书·艺文志》，魏晋以后，政治权威降低，个人意识醒觉，而且由于书写工具改进，出现了许多新的著作形式与体裁，因而目录学的发展，由《汉书·艺文志》的"七略"转变为《隋书·经籍志》的"四部"，所统摄的书籍十倍于前，但仍然无法将新的著作体裁作明确的归类。饮馔之书的食谱之作，分属《诸子·农家》与《方技·医方》，就是一个非常明显的例子。《四库总目提要》的《糖霜谱》提要又说：

> 案《齐民要术》备载饮食烹饪之法，故后之类于是者，悉入农家，其实贾思勰所言间阎日用之常耳。至于天厨珍

膳，方州贡品，连而入之，则非农家所有事矣……今于近似农家者，并改隶《谱录》，俾均不失其实焉。

《齐民要术》，北魏高阳太守贾思勰撰，是一部总结自汉以来《氾胜之书》、崔寔《四民月令》的农书。贾思勰任地方首长，教民取食而作此书，其编辑的秩序："起自耕农，终于醯醢。"也就是起于种植，终于烹调，反映了当时黄河中下游自给自足的自然经济社会形态。书中烹饪资料多取自崔浩《食经》。

崔浩是北魏前期中原士族的政治领袖。后因"国史之狱"被杀，株连甚众。崔浩《食经》为其母口述，由其笔录而成，是中国最早的一部饮馔之书。反映了永嘉风暴后，流离在黄河流域的中原世家大族日常生活实际的情形。它特别重视礼法传家的规范，是一部表现儒家饮食思想的典型著作。但在《隋书·经籍志》却著录在《方技·医方类》之中，方技的医方类是道家饮食思想所系，就"非农家所有事矣"。这是《四库总目提要》将饮馔之书重新归类的原因。《四库总目提要》说"收诸杂书之无可系属者"，都归入《谱录类》，所以《谱录类》的内容的确非常复杂，包括鼎彝图录、文房四宝、钱录香谱、奇石花卉、百宝总珍、茶经酒谱、饮馔之书，都著录其中。《四库总目提要》将《谱录类》列于《艺术类》之后，似有意将《谱录》作《艺术》的辅助，而饮馔之书亦在其列。于是饮馔之书超越了过去儒家维生与道家养生的范畴，提升到艺术的层次，这是中国饮食思想在明清时期一个重要的转变。

二

明清出现大量的文人食谱，反映了这种发展的趋势。在明清的文人食谱中，明高濂的《饮馔服食笺》与清李渔的《闲情偶寄》具体表现了这种发展与转变的趋势。

《饮馔服食笺》的作者高濂，字深甫，别号瑞南道人、湖上桃花渔，生平卒年不详，万历时，曾任职主管庙堂祭祀的鸿胪寺。工乐府，是明代著名的诗人、戏曲家，著有南曲《玉簪记》《节孝记》及《雅尚斋诗草》《遵生八笺》等，当时戏曲家说高濂"家世藏书，博学宏道，鉴识清朗"。

所谓"博学宏道，鉴识清朗"，也就是高濂受当时儒道混同的思潮的影响，有明显的道家倾向，尤其在饮食方面，将道家养生的服食观念作了高度的发展与实践。所以如此，高濂"少婴羸疾""复苦瞆眼"，因而有"忧生之嗟"，故而"癖喜谈医"。不论客游或家居，多方咨访奇方秘药，用以施治痼疾，其后竟疾除，恢复康壮，目瞆复明，于是发其所藏，及平日博览群书所记并参与己意，辑成《遵生八笺》。

遵生即尊生。所谓尊生，《八笺·自叙》云："尊生者，尊天地父母生我自古，后世继我自今，匪徒自尊，直尊此道耳。不知生所当尊，是轻生矣。轻生者，其天地父母之罪人乎，何以生为哉？"所以，高濂《遵生八笺》之作，为"无问穷通，贵在自得，所重知足，以生自尊。"

《遵生八笺》以尊生为主题，从八个方面讨论与介绍延生益寿之术与却病之方。其一，《清修妙论笺》，以培养德行为养生第一要义，高濂从儒、释、道三方面，摘录名言确论，阐释修生养生之道。其二，《四时调摄笺》分春夏秋冬四卷，根据四时季节不同，阐明不同的养生之道。其三，《延年却病笺》，是八笺最精粹的部分，以气动引导为主要内容。其四，《饮馔服食笺》，将饮馔作为养生的主要内容。其五，《燕闲清赏笺》将鉴赏清玩为养生的主要内容。其六《灵秘丹药笺》以医药方剂为主。其七，《起居安乐笺》，以"节嗜欲、慎起居、远病患、得安乐"为主旨。其八，《尘外遐举笺》，所谓"隐德以尘外为尊"，列举尘外高士凡百余人。

《遵生八笺》以却病养生为主，但《饮馔服食笺》却是以日常生活饮食为主要内容，也是《八笺》重要部分。虽然《饮馔服食笺》以"日常养生，务尚淡薄"为主旨，高濂说："余集首茶水，次粥糜、蔬菜，薄叙脯馔醇醴、面粉糕饼果实之类，惟取实用，无事异常。"这些平常饮食与"大官之厨""天人之供"的珍馐美味完全不同。因为高濂认为饮食与养生有密切关系，他说："饮食，活人之本也，是以一身之中，阴阳运用，五行相生，莫不由于饮食。故饮食进则谷气充，谷气充则血气盛，血气盛则筋力强。"所以《饮馔服食笺》除茶泉类讨论茶水外，并收录了粥糜三十八种，除此之外，还有药品类二十四种，神秘服食类等共三百余种。高濂对丁饮馔似偏重养生，其酿造类为其自酿的酒类，也是以养生为主，他说："此皆山人家养生之酒，非甜即药，与常品迥异，豪饮者勿共语也。"但其饮馔的调治，并无秘方，与平常一般无异，试举其"炒腰子"："将猪腰子切开，剔去白膜筋丝，背面刀界花儿，落滚水微焯，漉起，入油锅一炒，加小料葱花、芫荽、蒜片、椒、姜、酱汁、醋，一烹即起。"这是平常炒腰花的方法。他如制甜品，高濂说："凡做甜食先起糖卤，此内府秘方也。"

虽然，《饮馔服食笺》所收饮馔之方，都是日常家居饮食，同时却反映当时文人生活的闲情雅趣。《饮馔服食笺》首论《茶泉》，但对茶品的论述，有藏茶、选器、煎茶、择水、洗茶、候汤，以及试茶时的涤器、熁盏、择果等都有细致的讨论，因为高濂认为"人饮真茶，能止渴消食，除痰少睡，利水道，明目益思，除烦去腻，人固不可一日无茶"。但饮茶除了实际的效用，还必须与其他情景相衬，才有其雅趣。高濂《扫雪烹茶玩画》说：

茶以雪烹，味更清冽，所谓半天河水是也。不受尘垢，幽人啜此，足以破寒。时乎南窗日暖，喜无髯发恼人，静展古人画轴，如《风雪归人》《江天雪棹》《溪山雪竹》《关山雪运》等图，即假对真，以观古人摹拟笔趣，要知实景画图，俱属造画机局。即我把图，是人玩景，对景观我，谓非我在景中？千古尘缘，孰为真假，当就图画中了悟。

煮雪烹茶已是雅事，而南窗观画、古今同参是非常高雅的境界。高濂另有《山窗听雪敲竹》，是一篇境界高雅的小品文：

> 飞雪有声，惟在竹间最雅。山窗寒夜，时听雪洒竹林，淅沥萧萧，连翩瑟瑟，声韵悠然，逸我清听。忽尔回风交急，折竹一声，使我寒毡增冷。暗想金屋人欢，玉笙声醉，恐此非尔所欢。

若此时故人叩扉，披衣而起，倒屣相迎，取雪煮茶，则杜耒"寒夜客来茶当酒，竹炉汤沸火初红"的境界尽出。

不过，明清文人的饮食，必须与其他情景相配，形成一种生活的艺术。高濂的《饮馔服食笺》为其《八笺》之一，并且有和饮食相配的《燕闲清赏笺》。虽高濂将燕闲清赏作为养生的内容，但涉及的器物十分广泛，有古铜器、玉器、瓷器的辨识与鉴赏，有历代碑帖、绘图、古琴的鉴别与玩赏，有文房四宝的品评与制法，并详叙葵笺、宋笺、松花笺的制作方法，并且有花、竹、盆景的鉴评，还有牡丹、芍药、兰、菊、竹的栽培与护养的方法，以及宝华香、龙楼香、芙蓉香等十余种香的制法。这许多丰富的内容，正是《四库总目提要·谱录类》著录各种不同著作的范畴，并且将饮馔、茶、酒包括在内。于是饮馔之书将单纯之口腹之欲提升到生活艺术层次，饮食不仅是为维生或养生，还有情趣在其中。这是中国传统饮馔之作的发展，在明清文人食谱出现后重要的转变。

三

《四库总目提要·谱录类》著录饮馔之书的种类并不多，其中出于文士之手的有韩奕的《易牙遗意》。韩奕，字公望，号蒙斋，平江（苏州）人，生于元末明初，出身医学世家，入明后，终身不仕，浪迹山水之间，与王宾、王履齐名，并称明初吴中高士。书名《易牙遗意》，易牙，是齐桓公的重臣，春秋时著名的厨艺高手。韩奕以此为名，是他个人饮食经验的汇集，书有两卷，分酿造、脯鲊、蔬菜、笼造、炉造、糕饼、汤饼、斋食、果实、诸汤、诸茶、食药等十二类，记载了一百五十余种饮馔制作与烹调的方法。

《易牙遗意》的烹调方法非常精细，如其"带冻姜醋鱼"，制法："鲜鲤鱼切作小块，盐腌过，酱煮熟，收出，却下鱼鳞及荆芥同煎，滚去渣，候汁稠，调和滋味得所用，锡器密盛，置井中或水上，用浓姜醋浇。"制作过程甚是繁复。《易牙遗意》若干材料，取自《吴氏中馈录》，书收入陶宗仪《说郛》，作《浦江吴氏中馈录》。浦江即苏州，周履靖《易牙遗意·序》谓其菜肴烹调"浓不鞡胃，淡不槁舌，出以食客，往往称善。"

　　《四库总目提要·谱录类》食谱存目又有《居常饮馔录》一卷，曹寅撰。并云："寅，字子清，号楝亭。镶蓝旗汉军。康熙中巡视两淮盐政，加通政司衔，是编以前代所传饮膳之法，汇为一编。"其中包括宋王灼《糖霜谱》、宋东溪遁叟《粥品》及《粉面品》、元倪瓒《泉史》、元海滨逸叟《制脯鲊法》、明王叔承《酿录》、明释智舷《茗笺》、明灌畦老叟《蔬香谱》及《制蔬品法》等，曹寅搜罗饮馔之书甚丰，编成此书，似有意对宋明以来的饮馔之书作一个总结的汇编。

　　曹寅是《红楼梦》作者雪芹的祖父，是一位知味者，自称饕餮之徒。有《楝亭诗钞》五卷。《总目提要》称"其诗出入白居易、苏轼之间"。其《诗钞》中有许多诵食物的诗篇，菜肴如红鹅、绿头鸭、寒鸡、右首鱼、鲥鱼、鲍鱼羹、蟹胥等，此外还有蔬果，如笋豆、荠菜、樱桃等，以及许多有关点心与茶酒的诗篇。曹氏家族在江南兴盛一个多甲子，曹寅个人任四年的苏州织造，二十一年的江宁织造。而且自认为是老饕，其家饮馔制作精致，朱彝尊《曝书亭集》称赞曹寅家的雪花饼，有"粉量云母细，糁和雪糕匀"之句，雪花饼是明清之际江南流行的点心，亦见《易牙遗意》，但皆不如曹家制作精细。

　　朱彝尊，号竹垞，浙江秀水人，康熙十八年举博学鸿词科，授翰林院检讨，长于词，是清初大家，并专研经学，著有《经义考》。与曹寅友好，其文集《曝书亭集》即由曹寅刊刻，朱彝尊另有饮馔之书《食宪鸿秘》二卷。全书以《食宪总论》为首，论饮食的宜忌，下列饮之属、饭之属、煮粥、饵之属、馅料、酱之属、蔬之属、餐芳谱、果之属、鱼之属、蟹、禽之属、卵之属、肉之属、香之属等，书末附有汪拂云所录食谱，内容非常丰富，有菜肴饭点烹调或制作方法四百余种。朱彝尊认为饮食之人有三种：一是饷饫之人，"食量本弘，不择精粗，惟事满腹。人见其蠢，彼实欲副其量，为损为益，总不必计"。一是滋味之人，"尝味务遍，兼带好名。或肥浓鲜爽，生熟备陈，或海错陆珍，诨非常馔。当其得味，尽有可口"。一是养生之人，"饮必好水，饭必好米，蔬菜鱼肉，但取目前常物。务鲜，务洁，务熟，务烹饪合宜，不事珍奇，而自有真味"。所以，朱彝尊认为"食不须多味，每食只宜一二佳味，纵有他美，须俟腹内运化后再进，方得受益"。

和朱彝尊《食宪鸿秘》同时的，还有李渔的《闲情偶寄》。李渔是清代著名的戏曲家、文学家，字笠鸿、谪凡，号笠翁，浙江兰溪人，才华藻翰，雅谙音律。著有《笠翁十种曲》和小说集《十二楼》。《笠翁一家言》收集其所著诗文，内有《闲情偶寄》，将园林居室、饮食器皿、花木种植、饮馔烹调、养生，作为一个整体，饮馔是其中的一个单元，反映了明清文人的生活情趣。虽然饮馔为了口腹之欲，但李渔认为饮馔应有接近自然的生活情趣，他说："声音之道，丝不如竹，竹不如肉，为其渐近自然。我谓饮食之道，脍不如肉，肉不如蔬，亦以其渐近自然也。"他又说："草衣木食，上古之风。人能疏远肥腻，食蔬蕨而甘之，腹中菜园，不使牛羊来踏破，是犹作羲皇之民，鼓唐虞之腹，与崇尚古玩同以致。"所以，《闲情偶寄》的饮馔在求生活的情趣，虽一粥一饭之微，蔬笋鱼虾之馔，都有一定的讲究和情趣。

韩奕《易牙遗意》、高濂《遵生八笺》、曹寅《居常饮馔录》、朱彝尊《食宪鸿秘》、李渔《闲情偶寄》都是明清著名的文人食谱。这些饮馔之书的写作，已越以往食谱维生与养生范畴。和这个时期文人生活相结合，形成一种生活的艺术。这是中国传统饮食发展至明清一个重要的转变，《四库总目提要》立《谱录类》，将饮馔之书自《农家》与《方技家》析出，与彝鼎图录、文房四宝、清玩珍器、花卉香谱并列。自此，饮馔之书不仅为满足口腹之欲，而提升到生活艺术的层次，《谱录》类的出现，正反映了中国饮食文化发展与转变的趋势。

四

讨论明清文人食谱，袁枚《随园食单》不仅是脍炙人口，也是总结明清文人食谱的重要著作。《随园食单》分《须知单》《戒单》《海鲜单》《特牲单》等等十四个部分，共列了蔬肴、面饭与茶酒的烹调与制作方法三百二十六种。这些饮食资料，都是袁枚四十年饮食经验的积累与结晶。袁枚在其《食单》序说：

每食于某氏而饱，必使家厨往彼灶觚，执弟子之礼。四十年来，颇集众美。有学就者，有十分中得六七者，有仅得二三者，亦有竟失传者。余都问其方略，集而存之。虽不甚省记，亦载某家某味，以志景行。自觉好学之心，理宜如是。虽死法不足以限生厨，名手作书，亦多出入，未可专求之于故纸；然能率由旧章，终无大谬，临时治具，亦易指名。

袁枚说他的《食单》是他"四十年来，颇集众美"饮食经验的记录。如其"煨鹌鹑、黄雀"说："苏州沈观察煨黄雀，并骨如泥，不知作何制法？炒鱼片亦精。其厨馔之精，合吴门推为第一。"又"鲻鱼"："杨中丞家，削片入鸡汤豆腐中，号称'鲻鱼豆腐'；上加陈糟油浇之。庄太守用大块鲻鱼煨整鸭，亦别有风味。"又"素面"："先一日将蘑菇熬汁，澄清。次日将笋熬汁，加面滚上。此法扬州定慧庵僧人制之极精，不肯传人，然其大概亦可仿求。"袁枚每出游，必有家厨自随，习得其方，归家仿制，并叙其所自，载于《食单》。《食单》有未载出处者，则多出自扬州盐商童岳荐的《调鼎集》。《调鼎集》由北京图书馆抄本《童氏食规》《北砚食单》合成。据《扬州画舫录》载，童氏字北砚。《调鼎集》湮没数百年，至今始重见天日，这段公案当另为文讨论。

袁枚人品诚有可议之处，但却是懂得生活情趣，而且是知味的人。自称是饮食之人，在他《答（尹）相国书》中说：

魏文帝《典论》云：一世长者知居处，三世长者知服食。钱穆父亦云：三世仕宦，才晓得穿衣吃饭，枚窦人子耳，腹如唐园，半是菜根充塞，虽有牛羊，未必遽能踏破，何足当谆谆见委之盛心哉！然傅说调羹之妙，衣钵难传。而易牙知味之称，古今同嗜。谨以三寸不烂之舌，仔细平章。凡一切蒸鸠炙鸹，鸭脬羊羹，必加取去之功，列长名之榜。

所以，《食单》所载，都是袁枚"以三寸不烂之舌，仔细平章"后，加以去取的记载，由此形成其个人饮食理论的体系，《食单》前有《须知单》与《戒单》，就是袁枚饮食理论具体的实践。其《须知单》小序云："学问之道，先知而后行，饮食亦然。"而《戒单》小序则云："为政者兴一利，不如除一弊，能除饮食之弊，则思过半矣。"

袁枚不仅将饮食与为学从政相提并论，并且将饮食与咏诗等量齐观。前引他的《杂诗》就说："吟诗之余作《食单》，精微仍当吟诗看。"他更有《品味》诗："平生品味似评诗，别有酸咸世莫知，第一要看香色好，明珠仙露上盘时。"袁枚不仅将饮食视为一种生活艺术，并且将饮食提升到诗意的境界。

梁章钜《浪迹丛谈》说："《随园食单》所讲求烹调之法，率皆常味，并无山海奇珍，不失雅人清致。"清雅是袁枚品味评诗的标准。他说："平生诸般能耐，最不能耐一庸字。所谓庸字，不过人云亦云。"所以，他在《答（尹）相国书》中说：

　　每见富贵人家，堂悬画一幅，制行乐一图，往往不画玉几金床，而反画白苇机杖，竹杖芒鞋，何哉？味浓则厌，趣淡反佳故耳。……如平日诗文自出机杼，不屑寄人篱下。……饮食之道，不可随众，尤不可务名。

袁枚认为品味与咏诗，应"自出机杼，不屑寄人篱下"，而且"味浓则厌，趣淡反佳"，因此，饮食与论诗，以清洌为佳。其《陶怡云诗序》云：

　　伊尹论百味之本，以水为始。夫水，天下之至无味者也，何以治味者取之为先？盖其清洌然，其淡然，然后可以调以甘羹，加群珍，引之于至鲜，而不病其腐腐。诗之道亦然，性情者，源也。辞藻者，流也。源之不清，流将附焉？迷途乘骥，逾速逾远。此古人有清才之众也。

"清才之众"各有禀性，饮食亦然，《随园食单》第一是《须知单》。《须知单》首论食物禀性："凡物各有先天，如人各有资禀。人性下愚，虽孔孟教之，无益也；物性不良，虽易牙烹之，亦无味也。"

　　禀性与清雅，是袁枚所倡性灵诗派两大标志。被称为"一代骚坛主"。"当代龙门"的袁枚，姚鼐《袁随园君墓志铭并序》说："士多效其体，故《随园诗文集》上至朝廷公卿，下至市井贩夫，互相酬唱。"袁枚驰骋乾嘉诗坛近半个世纪，是性灵诗派的旗手。所谓性灵诗派，完全挣脱儒家诗教的束缚，而且不落入唐宋的格律中，诗的内容表现个人的感情与作者独立的个性与独创性。突出个人的才华，袁枚《蒋天心藏图诗序》说："作诗如作史也，才学识三者宜兼，而才为最先。造化无才，不能造万物；古圣无才，不能制器尚象；诗人无才，不能运用典籍心灵。"诗是心灵的反映，贵独创。袁枚《静里》具体表现了他所标榜的性灵：

> 静里工夫见性灵，并无人汲泉自生；
> 蛛丝一缕分明在，不是闲身看不清。

信手拈来，自然天成。探索袁枚性灵诗的思想根源，他自道是"郑、孔门前不掉头，程、朱席上懒勾留"，与李贽"六经、《语》、《孟》，道学之口实，假人之渊薮也"是一脉相承的。李贽直接对宋明理学"存天理，去人欲"的批判，形成晚明一股不可抗拒的社会思潮。另一方面李贽所谓的童心说，认为"诗非他，人之性灵所寄也，苟其感不至，则情不深；情不深，则无以惊心而动魄，垂世而远行"。直接影响了以袁宏道、袁宗道、袁中道为首，反对前后七子复古主义的公安派。开创了明代的性灵诗派，是袁枚性灵诗的启导者。

袁宏道《觞政》倡导"真乐"，他说："目极世间之色，耳极世间之声，身极世间之鲜，口极世间之谭"，正是明代士人突破理学的篱藩，放纵欲望，追求世间声色和美味的具体表现，也是"食色，性也"的实践。"食色，性也"反映在当时文学上，出现了一系列的艳情小说，另一方面则是明清文士饮宴酬唱的雅集，追求人生快乐享受。诗人高启《送唐处敬序》说：

余以无事，朝夕诸君间，或辩理诘义，以资其学，或赓酬诗以通其志，或鼓琴瑟以宣湮滞之怀，或陈几筵以合宴乐之好。虽遭丧乱之方殷，处隐约之既久，而悠游怡愉，莫不自得也。

"陈几筵以合宴乐之好"，"悠游怡愉"是明清文士所追求的真乐。张岱《陶庵梦忆》有篇《蟹会》的小品：

食品不加盐醋而五味俱全者，为蚶，为河蟹。河蟹至十月与稻粱俱肥，壳如盘大……掀其壳，膏腻堆积，如玉脂珀屑，团结不散，甘腴虽八珍不及。一到十月，余与友人兄弟辈立蟹会，期于午后至，煮蟹食之。人六只，恐冷腥，迭番煮之。从以肥腊鸭、牛乳酪，醉蚶如琥珀，以鸭汁煮白菜如玉版，果蓏以谢橘，以风栗，以风菱。饮以玉壶冰，蔬以兵坑笋，饭以新余杭白，漱以兰雪茶。由今思之，真如天厨仙供，酒醉饭饱，惭愧惭愧。

张岱的祖父张如霖，曾在杭州组织饮食社，品尝各种美味佳肴，撰成《饕史》，后经张岱修订为《老饕集》。明清文人不再视饮食为俗事，而是一种闲情逸趣的生活艺术，将他们的饮馔经验撰成食谱，这是《四库总目提要》立《谱录类》，将饮馔之书与其他文人生活艺术并列的原因。袁枚《熊庶泉观察序》所谓"得一味之佳，同修食谱；赏半花之艳，各走吟笺"，将饮食与吟诗相提并论，不过他又说"调鼎衣钵，难传粗粝之儒"的原因也在此。

造洋饭书

清宣统元年（1909），上海美国基督教会出版社出版了一本《造洋饭书》，"洋饭"就是现在所谓的"西餐"。

不过，这本书的出版，并不是为了在中国推广洋饭，而是为了培训做洋饭的中国厨师，解决外国传教士在中国的吃喝问题。所以，这本食谱很可能不对外公开发行。因为封面上用的是耶稣降世一千九百〇九年，没有用清朝宣统的年号。

这是一本很有趣的食谱，和中国传统的食谱与食经不同。

首先是"厨房条例"，特别强调做厨子的，有三件事应该留心：第一，要将各样器具、食物摆好，不可错乱；第二，要按着时刻，该做什么就做，不可乱做，慌忙无主意；第三，要将各样器具刷洗干净。并且说所有蛋皮、菜根、菜皮等类，不准丢在院内，必须放在筐里，每日倒在大门外僻静地方，免得家人受病。肉板、面板使用后即擦，不准别用，开（水）壶，只准烧水，不准煮别物。

在厨子入厨做羹汤之前，先教导厨子如何维持厨房的整洁和秩序，这是当时一般家庭和厨师所没有的观念。虽然袁枚的《随园食单》，首先有"须知单"，他说："学问之道，先知而后行，饮食亦然，作须知单。"其中有"洁净须知"一条，即"切葱之刀，不可以切笋；捣椒之臼，不可以捣粉。闻菜有抹布气者，由其布之不洁也；闻菜有砧板气者，由其板之不净也。'工欲善其事，必先利其器。'良厨先多磨刀，多换布，多刮板，多洗手，然后治菜"。不过，袁枚的"须知单"有调剂、配搭、火候、迟速等须知，旨在烹调技术的须知，而不是厨房环境的卫生和整洁。

《造洋饭书》除"厨房条例"外，共分汤、鱼、肉、蛋、饼、糕、杂类等二十五章，二百六十七种品类和半成品的烹调方法。其中有"煎鱼"法："先洗净了鱼，揩干。拿盐、辣椒撒在鱼上，将猪油放在锅内，烧滚；把鱼先浸在生鸡蛋内，后沾上苞米面，或用馒头屑，煎成黄色。"其制法与今同。

所谓馒头屑即面包屑，《造洋饭书》书后附有英文索引，其中许多译名和现在不同，如咖啡为"磕肥"，小苏打为"哒"，布丁为"朴定"，巧克力为"知古辣"，等等。

西餐至迟在明代后期，已随传教士与洋商登岸中国了。只是不普遍，也无资料可稽。

清乾隆年间，袁枚《随园食单》有"西洋饼"制法的记载："用鸡蛋清和飞面作稠水，放碗中。打铜夹剪一把，铜合缝处不到一分。生烈火烘铜夹，一糊一夹一熯，顷刻成

唐吟方 绘

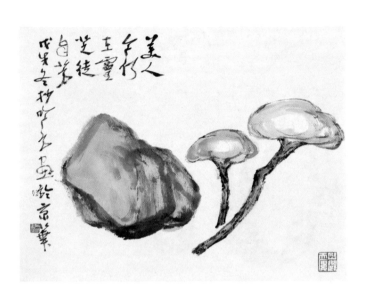

唐吟方 绘

饼。白如雪，明如绵纸，微加冰糖、松仁屑子。"《红楼梦》中有许多西洋的用品，但饮食方面却未见洋饭。自鸦片战争后五口通商，欧美传教士与商人东来者众，西餐也渐渐在中国流行起来。徐珂《清稗类钞》"西餐"条下：

> 国人食西式之饭，曰西餐，一曰大餐，一曰番菜，一曰大菜。席具刀、叉、瓢三事，不设箸。光绪朝，都会商埠已有之。至宣统时，尤为盛行。……我国之设肆售西餐者，始于上海福州路之一品香，其价每人大餐一元，坐茶七角，小食五角。外加堂彩、烟酒之费。其后渐有趋之者，于是有海天春、一家春、江南春、万长春、吉祥春等继起，且分室设座焉。

上海福州路的一品香，是中国最早的西餐馆。北京则在庚子后，有北京饭店的西餐部，广州最早的西餐馆，可能是太平馆。西餐传入中国后，为了适合中国人的口味，已稍加改变。所以徐珂说：

> 今繁盛商埠皆有西餐之肆，然其烹饪之法，不中不西，徒为外人扩充食物原料之贩路而已。

这种西餐中制，或中料西烹，是西餐传入中国后的转变。当年广州太平馆的西汁乳鸽，与粤式西餐中的"金必多

119

汤"(Potage Campadore)，即奶油浓汤加火腿、胡萝卜与鲍鱼等加鱼翅制成，胡萝卜或象征多金，至于鱼翅，西方人是不兴吃这种鲨鱼背脊的。

西餐制法，初不立文字，由师父口授心传，《造洋饭书》则是一本最早的文字西餐食谱，其中也透露一些中国近代东西文化交流的讯息。

从城隍庙吃到夫子庙

前几年常有人问我，何时到大陆走走，我笑说等那里有卖小吃的再说。我说这句话不是开玩笑。因为街上有小吃可吃，并不是简单平常，必须人有三餐饱饭吃之后，才有闲情想到找点其他的东西换换口味。早几年有位朋友回苏州，问我要点什么，我请他代我吃碗虾蟹面。朋友回来歉然，说他跑遍了苏州竟吃不到虾蟹面。

这几年人去人回，说街上有小吃卖了，只是人太挤，地方太脏，他们没有勇气尝试。这次我因学校交换访问，要去上海、苏州、南京，分别在复旦、苏州、南京几个大学座谈和讲演。上海有城隍庙，苏州有玄妙观，南京有夫子庙，都是小吃荟萃之所，我想趁这个机会去吃一圈。所以，学校机票买妥后，就开始准备起来，首先将封尘多年吃的记忆，与书架上的食谱、小吃及著名餐馆的资料结合起来，择其可吃和想吃的，一一做成札记。后来想到这次来去都经过上海，上海刚流行过肝炎，新闻媒体报道，来人传言，真是谈虎色变。所以，要吃也得慎重些，于是备了卫生筷、纸碟纸碗、消毒用的酒精湿纸巾，以及万一吃坏肚子救急用的药物，就慷慨上路了。

到上海的时候已经晚了，一团漆黑什么也没有看见，所以隔天起个早，出门到附近遛个弯，走走看看。我们宿处是学校招待所，坐落在学校教职员工和学生宿舍区里。宿舍区和学校隔一条大马路，分成生活和教学两个部分。招待所是专供外来短期讲学或交流者住宿的地方，居住的条件虽然说不上好，但有空调和单独的卫生设备。和他们自己居住环境相比，这里该算"租界"了。

出得门来，向左一望，两旁法国梧桐蔽盖的道路上，人声喧腾，走近一看，原来是个小菜市，后来他们告诉我，这是个自由市场。眷区里另外还有两个公营的消费市场，我也去看过，供应的货物种类不如这里多，也不如这里新鲜。许多家庭主妇挽着篮子来到这里，那些篮子用竹子或藤条编成的，非常别致，他们蹲在地上挑拣菜蔬或肉类，一面和菜贩讨价还价。

在菜市的一端，是些卖早点的摊档。我们在一个卖馄饨的小竹棚前停下来，看着坐在棚外两个戴着白帽子的老太太，正低头包着馄饨。棚内摆着一张破旧的长桌子，两旁置了几条长条凳，我们走了进去，几个人正低头吃馄饨，我们在靠边的长凳挤出两个位子。灶上煮馄饨的老太太走过来，问我们要吃几两？这一问把我问倒了，我随即说您看我们该

122

吃几两，她说我看你们每人先来二两。

后来知道二两是粮票的单位，一碗是二两。如果没有粮票付现钱，照价外加三分。二两馄饨来了，竟然是一大碗。我用筷子挑了一个放在嘴边，坐在旁边的太太用手肘碰了我一下。我知道她的意思，我们的卫生装备竟一件也没带，于是我悄声说，既来且安，况且当别人的面换筷子换碗，是非常不礼貌的。然后我说既然想吃要吃，就管不了那么许多了。吃罢！说着我将馄饨咬了一口，竟然有皮无馅，而且皮也厚得很，我又喝了一口汤，汤是开水加盐，了无油星，只有两三片葱叶飘在汤水中。

于是我起身到隔壁摊子上，买了四两生煎馒头，用手托着回来，生煎馒头也是皮厚馅少，就着汤吃了两个。当我们付钱时，老太太还问怎么没吃完。我说早上，吃不了许多。谢罢出门，门口有个卖粢饭的，我又靠过去买了二两。卖粢饭的一看我们是外来人，笑着说他的粢饭卫生得很，他将掺有红豆的糯米饭，掐在带着白手套的掌中，然后加了根黑油条——这里普遍吃的面粉都是一箩到底的，颜色灰暗，做出的面点糕饼都是褐黑色的，十分难看，油条炸出就是黑色，麻花也是那样，不是炸煳了。那卖粢饭的用手一挤，挤成个饭团，顺手取了张旧纸要将饭团裹起来，我摆摆手说，免了，我们这就吃。我接过饭团分成两半，我们边走边吃。五月的风夹着前面修马路的尘土，扑面而来，有几分江南初夏早晨的清凉意。住在这个区里的人开始活动起来，许多熟悉

123

的陌生人，与我擦肩而过，或迎面而来，我觉得和他们是那么亲近，却又那么遥远。现在我才真正发觉，自己的脚步正走在阔别了四十年的故土上。

到上海，城隍庙是不能不逛的。过去十里洋场的上海，是个五方杂处的都会，使上海的小吃味兼南北，品类繁多，汇集了全国各地风味的小吃。后来更出现了许多著名的小吃店，如城隍庙的南翔小笼馒头、鸽蛋圆子，"沧浪亭"的苏式糕团，"乔家栅"的生煎馒头、擂沙丸，"王家沙"的鲜肉酥饼、肉丝两面黄，"五芳斋"的糖芋艿、糖藕，"美味斋"的四喜菜饭，"鲜得来"的排骨年糕，"小绍兴"的鸡粥，等等。虽然这些小吃现在还有，却散在各处。但城隍庙以湖心亭为中心，半径不到百余米，却有小吃店十来家，除了小吃店外，还有许多卖衣物鞋帽百货的商店，以及土产特产的铺子，如只此一家的五香豆与梨膏糖商店，虽然现在称"豫园商场"，不过大家习惯上还叫它"城隍庙"。上海的城隍庙、苏州的玄妙观、南京的夫子庙，是江南三个可以吃吃逛逛的地方。尤其上海城隍庙街道窄隘，挤在其中行走，左顾右盼两旁的店铺，颇有古意。

城隍庙改称豫园商场，因其地邻豫园。豫园建于明万历年间，是上海保存最完整的古代林榭，其中堂馆轩榭、亭台楼阁，布于奇峰异石、池水曲流间，颇有雅趣，只是游人太多太杂，往来拥挤，而且或踞或坐或躺在回廊与亭台间，嬉笑喧哗，一如墙外城隍庙的集市，我们挤了进去，又挤了出来，了无探幽览胜的心境。后来逛许多名胜都是这样，既无暇思古，更无幽可探了。读李嘉《忆旧还乡日记》，说他中午在豫园点春堂设宴，和他的故旧餐叙，真不知这餐饭是如何吃的。

从豫园挤出来之后，就匆匆登上南翔小笼店的楼上雅座。小笼馒头就是小笼包。南翔是上海近郊的一个小镇，属嘉定县。案《嘉定县志》称馒头"有紧发松发两种。紧发以清水和面为之，皮薄馅多，南翔制者为最"。七十多年前，南翔有吴姓者，在城隍庙开了一家长兴楼的点心店，专售南翔式小笼，后来改成现在的店名。于是南翔小笼名满中外。我们要了两笼，揭开笼盖一看，观感不佳。馒头色呈褐灰，心想卖相不好味道好，夹了一只送入口中，皮厚粘牙，馅粗有筋皮，但却无汁，距原来南翔小笼的体形小巧、折褶条纹清晰、皮薄又滑润、入口不黏牙、馅多卤重而味鲜的标准，相去甚远。我勉强又吃了两个，停箸，说咱们再换一家吧。

下得楼来，转一条巷子，进入"滨湖点心铺"，这里的葱油开洋面是很有名的。以葱熬油拌面，这原来是江北的吃食，后来传到上海，成为城隍庙著名小吃的一品。我们进得店去，店里黑黑的，我抢了一张人家刚离座的桌子，陪同小杨看着没有抹的桌子，还残留着一层油迹，迟疑不坐，我一把拉他坐定，我们各要了一碗，外加卫生筷一双，另加三分，付了面票，自己把面端过来，面是先煮好盛在只粗碗内，浇上一匙葱油就成了。我扒了几口竟找不到一只开洋。

出得店来，站在门外等待的太太问味道如何？我笑不答，心想比我自己做的火腿开洋葱油煨面，是不可相提并论的。于是转过头去对陪同小杨说，别让郑师傅久等，咱们去"老饭店"吃午饭。

上海老饭店就在城隍庙外面，郑师傅的车子就停在那里。郑师傅是开车送我们的司机。现在里面不兴称同志了，师傅成了流行的称呼。我们事先就约好在老饭店吃饭。上海老饭店创业于清同治年间，最初叫"荣顺馆"，是一家家庭式的饭馆，后来买卖扩大，人称"老荣顺"，更简称"老饭店"，是上海饭店的老字号。其著名的菜肴有扣三丝、虾子大乌参、炒鸡腰、肉丝拌黄豆、椒盐排骨、鸡骨酱、香糟元宝，是标准的沪菜。这是我来上海准备吃的一家饭店。

我们登楼进了雅座。雅座设置倒也清雅，且有空调。而座上无人，和外面挤拥挥汗进餐相比，是另一境地。坐定后，站在一旁聊天的小女师傅，拿着菜单含笑过来，我接过菜单一看，上述的名菜多不在单上。于是我点了虾子大乌参、清炒虾仁、椒盐排骨、炒刀豆、红烧大桂花鱼、莼菜三丝汤。小女师傅又建议了一味清瓜子虾（子虾，是带子的淡水虾），上海黄啤酒两支，人各饭二两。两样名菜椒盐排骨和虾子大乌参，都不见奇。大桂花久冰后也不鲜。结账却不便宜，计人民币二百一十几元，在这里算是豪吃了。

其实，这里一般吃并不贵。两天后我参加老庄儿子的婚宴。老庄是初中老同学，在大学历史系教书。婚宴摆在一家川扬馆子里，席开十桌，请的都是两家至亲。每席菜除冷盘外，还有清炒虾仁、芙蓉鲜贝、宫保鸡丁、鸽蛋海参、茄汁虾、拖黄鱼、炒鳝糊、鱼香肉丝、松鼠黄鱼、香酥鸭、炒芦菇、清炖鸡、清炖蹄髈。点心一道是烧卖，甜汤是冰果。（菜单是我临时记下的）虽然没有章法，但却非常丰盛。一席十四道菜，我的老同学告诉我，一百五十元人民币左右。只是席间不撤杯盘，菜一道一道上，无处放置，只有堆栈起来，吃到最后真的是杯盘狼藉了。

后来发现如今这里上馆子，是不兴撤盘子的，将吃剩的盘子留在面上，新上来的菜肴叠放在上面。我们在苏州的松鹤楼、得月楼，南京夫子庙的六凤居，上海老正兴吃饭，都遇到同样的情形。松鹤楼、得月楼是苏州著名的菜馆，苏州佳馔油而不腻，滑而爽口，鲜美中带有甜味，非常可口，苏州的糕团茶食，更是举世闻名的。前几年陆文夫写了个中篇《美食家》的小说，叙述一个饕餮之徒朱自冶在这几十年转变中吃的经历，同时也借此介绍了苏州的美食。如马咏斋的野味、采芝斋的虾子鱼、陆稿荐的酱汁肉、玄妙观里油氽臭豆腐等，这些食品都是我熟悉的。读起来令我有秋风莼鲈之兴。后来《美食家》被拍成电影，并制作成电视剧，使苏州美食又喧腾了一阵子。

所以，我们到苏州，风尘未扫，放下行囊连脸也没有洗一把，就出了天赐庄——天赐庄原来是东吴大学的校址，现在是苏州大学——叫了部三轮车直奔观前街而去。观前街是苏州最繁荣的大街，但并不长，可是所有著名的菜馆和传统的吃食店都集中在这里。我们在原来的护龙街现在改为人民路的观前街口，下了三轮车。如今观前街是交通管制的街道，所有的车辆不得驶入，脚踏车也得推着走。近午的阳光射在两旁的法国梧桐树上，撒了满地的树荫，人们在满街树荫下懒洋洋地徜徉着。我转过头说："再走几步就是松鹤楼，趁早吃饭。"

松鹤楼是苏州菜馆的老字号了。相传创业于乾隆二年，最初的松鹤楼是天后宫照墙后的小面饭馆，后来变成雅座高楼的名菜馆，据说乾隆下江南，在苏州曾大闹过松鹤楼。清代沈朝初的《怀江南》，有"明月灯火照楼头，雅座列珍馐"，指的就是松鹤楼。其珍馐有松鼠桂鱼、白汁腌菜、三虾豆腐、樱桃肉、蜜汁卤鸭、滑鸡菜脯等。记得当年在松鹤楼吃过一道"一塌糊涂"的菜，即以黄芽白菜和以肉片火腿，间洋冬菇煨妥后，盛于粗碗再上笼蒸，原碗上桌，菜汁溢出碗外，碗沿碗底皆是，真是"一塌糊涂"。这是一味苏州的家常菜。后来我依法仿制，屡试都达不到标准，而且去其味之鲜糯远甚。

走到松鹤楼门前，金字招牌仍在，楼下不设座，依稀相识，扶梯登楼，也许不到吃饭时候，还没有上座。我们在临窗靠街的桌子坐定，正倚着柜台吸烟的老师傅，拿着菜单走过来，我立即递了根烟过去，他接了往耳朵上一架，我并问

师傅贵姓。他吸了口烟笑了笑说姓时，时辰的时，转身为我
们沏了两杯碧螺春来。我打开菜单一看，单上列的菜样数不
多，顺口要了个清炒虾仁，其余的就交给他了。他又为我们
添了响油鳝糊、青椒鸡脯，另外一个莼菜塘鱼片汤。他特别
说莼菜是新鲜的，我听了非常高兴。这种陆机所谓"千里莼
美，未下盐豉"的莼菜，我厨下所存的都是瓶装的，那是将
莼菜过水后密封于玻璃中，用时启开。但对"柔花嫩叶出水
新，小摘轻掩杂生气"的新鲜莼菜，还没有尝试过。

　　菜来了，我们愣住了。没有想到每一个菜都是这么大
盘子，过去苏州人以秀气著称的，人长得秀气，说话吴侬软
语，吃东西小碟细碗。没有想到摆在我们面前的清炒虾仁、
炒鳝糊、鸡脯都是大件，怎么下箸呢？后来发现这里的人都
变得能吃能喝了。我们住在学校的招待所里，早饭供应得丰
盛极了。小菜四款、小包子四只（味道比南翔小笼好）、粽
子一只、蛋一个、稀饭一大碗，有六两之量。午晚米饭也是
这么一大碗，我怕剩下不礼貌，统统吃了。几天吃下来，把
胃也撑大了，后来又回到上海，晚上就买两个茶叶蛋准备饿
了吃。

　　当然，主人盛情也是可感的。不过，我在餐厅里，看着
大家端着个大洋瓷碗，拿粮票打饭，都是六两八两的。这倒
不是没有油水，饭后餐厅的桌子上，丢着整块的红烧肉，或
没有啃尽的排骨，菜可称丰盛了，可是还是要吃这么多饭。
临离开苏州的那个早晨，到观前街的观振兴面馆吃早点。观

振兴和朱鸿兴一样都是苏州著名的面馆。朱鸿兴面馆在怡园对面，我那时早晨上学经过这里，都会吃一碗他家的焖肉面，肉软而汤阔。这次到苏州想再去吃一碗，找到朱鸿兴，但店面已经拆了，只剩下一个屋框子，我在门前站立了许久，颇为怅然。所以只有去观振兴了。

我在观振兴柜上买了二两鳝鱼焖肉双浇面的票，又为太太买了二两的包子，领了包子后，将面票交给站堂的女师傅，面也是事先下妥的，顷刻就端来了。浇头的焖肉和鳝鱼不错。还保存了些昔时的风味，只是面已非往日旧观了。我们低头吃着面和包子，坐在四周吃早点的人，用好奇的目光看着我们，奇怪这两个外来人，怎么也晓得来这里吃。我抬头望望他们，又看到一位白发长髯的老者，正捧着一笼堆尖的包子走过来，在我附近的桌子坐下来，从自己背的小旅行袋里取出一双筷子，和一瓶用酱菜罐子盛的茶，掀开盖子自吃自喝起来。那笼堆尖的包子少说也有十五六个，在一斤之量以上，他一个人如何吃得下，或许带回去给家人吃的。但不一会他竟一笼包子食尽，又喝了口茶，盖上茶罐的盖子，摸摸额下的白髯走了，他们是真的能吃，难道是过去饿怕了吗？

出得观振兴，我问太太包子的味道如何？她说不如学校招待所的。的确，学校招待所的小笼包子，味道真不错，胜过上海城隍庙的南翔小笼馒头。后来才知道学校招待所是卧虎藏龙之地，往往有特级、一级厨师隐于其间。在南京我就攀上了主厨的穆师傅，他是一级厨师，我们大谈淮扬菜，我并建议他将袁枚的《随园食单》里的菜恢复起来。后来他突然提到"霸王别姬"一味，我想他大概是考我了。霸王别姬者，乃鸡煨原只甲鱼，是淮扬菜系的佳肴，或者由徽菜金银蹄鸡演变而来，盖扬菜与徽菜甚有渊源，因为当时许多盐商多徽州人，此菜亦见彭城菜系。我的对答深获他心，第二天我出钱，他亲自下厨做了几味，有芙蓉鱼片、软炸田鸡、清炒刀豆、袖珍鱼丸汤，形味色香俱佳，虽然平淡，却是他处无法吃到的标准淮扬菜，也是我一路行来，吃得最满意的一次。我早车回上海，穆师傅还准备了几件扬州点心，送我上路。

松鹤楼不是没有特级或一级厨师，不过除非有上级领导或特殊外宾，他们已不下厨了。摆在我们面前的几味菜，不过是客饭的水准。只有汤里新鲜莼菜，碧绿清新可喜，我捡着吃尽了。付账时我问时师傅生意为何如此清淡，他说松鹤楼在太监弄起了新厦，有空调，人都到那边去了。我笑着说我还是欢喜这里。

出了松鹤楼，斜对面就是玄妙观了。玄妙观我是熟悉，当年逃学常在这里流连。玄妙观是苏州的小吃荟集之处。我记得这里的千张包子、油豆腐粉丝、鸡鸭血汤、鸡汤馄饨、阳春拌面、油炸臭豆腐、薄荷绿豆汤、糖糯米饭，还有一种煮没有孵化出小鸡的鸡蛋，大概叫旺蛋罢，都是非常美味可口的。我们在玄妙观转了一圈，在三清殿外的两旁列了许多

摊位，一边是售衣物鞋类，一边是小吃摊档，在小吃摊档来
回走了两遍，却找不到过去我吃过的那些。只有春卷、包
子、豆腐花、糖粥一类的小食，春卷黑黑的，包子灰灰的。
无法引起食兴，突然发现一个摊子卖"鸭血糯"的。"鸭血
糯"这个名字过去没有听过，于是欣然走过去，太太在后面
说："你刚丢下筷子，怎么又吃。"我回头笑说："尝尝！"
我在摊旁拉了小竹凳子坐下来，来了一碗，原来是黑糯米
粥。这种黑米粥不是杜甫吃的青精饭。杜甫有诗谓："岂无
青精饭，令我颜色好。"那是用名青精树的南天烛叶茎染粳
米制成的。这种黑米就是《红楼梦》所谓的"胭脂米"。由
于这种米无黏性，所以掺糯米加猪油和糖同煮，其味糯而
爽，是《红楼梦》里一味小食，不意在这里吃到，真是昔日
王谢堂上燕，飞入平常百姓家了，只是其名不雅。黑米香港
也有得售，回去可以试着做。

　　从松鹤楼出来走在观前街上，我说："如果没有这碗鸭
血糯，玄妙观算是白来了。"然后又去了采芝斋、稻香村、
黄天源、陆稿荐，这些出售茶食、糕团与卤味的百年老店，
都集中在观前街上，旧历年前这些著名的老店，在香港有一
次"苏州名店名食"展销会。我们去买过几次，至今白糖松
子、玫瑰松子软糖、木渎的枣泥麻饼，还有功德林的素火腿
都没有吃完，只是那几斤采芝斋的玫瑰瓜子早就嗑光了。于
是到采芝斋补充了玫瑰、甘草瓜子各两斤。

　　上次"苏州名店名食"在香港展销，黄天源的糕团是现

制现销。去了两次都没赶上时间，最后终于排队买了两盒，每盒四件四色糕团。我虽然不甚爱吃甜食，但寥寥数件也吃不出什么味道来，所以在黄天源本店陈列的各色糕团，各买一件，用自备的塑料袋盛妥，放在背袋里，回到招待所泡了一壶茶，我出来旅行，茶壶茶叶都是随身携带的。于是饮着文山清茶，吃起苏州糕团来。糕团的种类八九样，而且每块都很大很厚，不似香港展销时那么美观小巧，所以每件限吃一口，吃罢就丢，不许多尝，这是阃令。事实上也无法多吃，因为里面掺了很重的猪油，在香港却是素油制的。

黄天源的糕团带回宿处品尝，但那块陆稿荐的酱汁肉却当街吃了。酱汁肉又名酒焖肉，是苏州著名的时令卤，一般都在清明立夏间出售。当然现在随时可以买到，已无分冬夏了。酱汁肉应选上等五花肉为原料，入锅煮一小时后，再加红曲米、绍酒、糖，改由中火焖烧四十分钟起锅。原汁留在锅内，外加白糖，小火熬成薄糊状，浇在肉上。酱汁肉是小方块，色呈桃红，晶莹可喜，鲜甜肥腴，入口即化，宜酒宜饭。我到陆稿荐时，工作的师傅已准备休息了。我匆匆买了一块，出门就往嘴一塞，太太站在店外等我，见我这副吃相就说："你看，你看，哪像个教书的。"我一面吃着酱汁肉一面说："我现在不教书，我是人民。"

从观前街转入宫巷，再转过去就是太监弄了。苏州人有句俗话："白相玄妙观，吃煞太监弄。"太监弄因明太祖在苏州设染织局，太监聚居在这里而名，这条长不过百米、宽不到六七米的街道，是苏州名菜馆及吃食店聚集的地方，可以算是条食街了。松鹤楼菜馆的新店就建在这里，与飞檐翘角、古色古香的得月楼对街相望。得月楼也是正宗的苏帮菜，与得月楼毗连的是悬着一串古意盎然红灯笼的王四酒家。王四酒家是常熟的百年老店分来，这里的叫花子鸡非常著名，这味菜最初出于常熟一个乞丐之手，因而得名。

王四酒家隔壁是功德林素菜馆，功德林的素火腿味甚佳，制成小火腿形状，以玻璃纸包裹，用红缎带系之，甚玲珑可爱，那次苏州名食展销会买了不少，现在家中冰箱仍有存货。功德林旁边是老正兴菜馆，专供各种卤菜。做的是沪帮菜，但却不卖酒。要喝到隔壁的元大昌酒店去买，元大昌供应各地名酒与苏州老酒，我记得过去元大昌也设座的。一边设桌售酒，一边卖卤菜。元大昌隔壁则是五芳斋点心店。这些菜馆吃食店一字排开，如果我记得不错，这一带地方原来该是"吴苑"的旧址。

吴苑是苏州著名的茶园，早上售茶与面点，吴苑的香酥蟹壳黄是非常好吃的，而且小巧，刚好一口一个。

这一排吃食店对面除了松鹤楼，还有小有天甜食店、乐口福点心铺，真是丰俭随君、甜咸具备，端的是"吃煞太监弄"了。

晚上饭于得月楼。楼上楼下座皆客满，观其举止与吃相，似无一个外来人，我点了炒虾丝，也就是虾仁炒肉丝。那青年师傅说他们的盐水虾很新鲜。又来了一个乾隆下江南吃过的"天下第一菜",即锅巴鸡片。汤还是莼菜三丝汤,他说莼菜也是新鲜的。那师傅算了账给我张单子,叫我到柜台先付账,我付了账把收据给他,他将收据夹了四个木夹子,那就是我们点的四样菜了。师傅拿了收据后给我们两杯泡好的茶。我看四座都是喝啤酒,请师傅也给我瓶啤酒,他要我自己到柜上去买。后来我请他给我们添点茶,他指指水瓶要我们自己倒。我买了啤酒回来,啤酒没有冰冻,只有凑合着喝了。菜来了,虾丝炒得不错,锅巴早已放置菜汤里,根本没有"平地一声雷"的情趣。

这次前后去了两个星期,除了和虾有关的菜不算,前后共吃了十三次炒虾仁,但却吃不到我记忆中那种鲜美的味道。所以一直吃下去,临上飞机前的那天中午还在吃。我如此坚持,因为去的这几个地方,不是靠江就是临湖,尤其太湖白虾更是佳品。案《太湖考略》云:"太湖白虾甲天下,熟时色仍洁白,大抵江湖出者大而白,溪河出者小而青。"太湖白虾又名秀丽长臂虾,体色透明,略见棕色斑纹,两眼突出,尾成叉形,这种虾烹成凤尾虾才漂亮。不像我这次的凤尾虾,像个没有剥尽壳的虾米。白虾细嫩,炒出虾仁晶莹似小白玉球。每年五月至七月,白虾产卵,以虾脑、虾子与虾仁制成三虾豆腐,味至美,是苏州的名馔。记得当年随家人游木渎,在石家饭店吃醉虾,揭开盆盖满桌飞跳,就是这种太湖白虾。

这次吃的不仅不是白虾,也不是溪河的青虾,而是谢埔诗所谓"拥盾兜鍪甲胄攒，回塘曲渚藻萍间，嫩清漾水长须直，浅赤浮汤细尾弯"，都是些沟塘小虾。有一次吃的虾仁细小如米粒，那一大盘不知要多少小虾剥成。因此我在上海特地跑到个自由市场看个究竟，有些挽篮卖虾的老太太，我蹲下来细看，都是些沟塘小虾。不知那些大白虾留给谁吃了！所谓"巧妇难为无米之炊"，没有材料，再好的高手，也做不出佳馔美味来。临行前夕，老庄饯行，宴我于锦江。锦江是旧上海最高级的川扬菜馆，而且席设在招待贵宾的厅房，算是盛宴了。有一道菜用非常精致的小瓷盅盛着，我揭盖一看是清汤鱼肚，但入嘴一吃竟是炸猪皮。不过，锦江的粉蒸牛肉与干煸牛肉丝都是佳构。尤其是干煸牛肉丝辣中带甜，并有花椒的余味，是典型的下江川味。站在旁边分菜的年轻女师傅听我赞好，又到厨下为我端来一小碟，我向桌上告了个罪，就一人独享了。

南京是六朝金粉装扮的帝王之都，而且有个夫子庙。所谓"夜泊秦淮近酒家"，那些酒家就集中在秦淮河畔的夫子庙，沈刚伯先生在世的时候，常谈到他在南京中央大学教书时，时时到夫子庙吃小馆，吃罢抹嘴就走，一年三节总结账一次，我非常向往他那种生活情趣。只是他没有提吃的哪家馆子，吃的些什么佳肴。我这次去南京，多少也有探寻沈先生的生活痕迹的意味。所以，我在南京大学历史研究所演讲时，开始就说："我的老师沈刚伯先生过去在这里教书，他常对我说到夫子庙吃小馆，我这次来除了讲演，还有个重要的任务，就是逛夫子庙吃小馆。"听讲的都笑了。

我们这次从苏州去南京，是先从苏州包出租汽车到上海，然后又从上海乘软卧到南京的，的确是非常曲折的行程。我们乘的车是从哈尔滨三棵树开来，再开回三棵树的火车。但却误点了，必须在车上午饭，车上虽挂有餐车，我去问过，回答是到时候会播音，你等着听好了。我坐着正在纳闷，突然卖饭盒的来了，一盒两元，买了两盒，还有一瓶啤酒。打开饭盒，里面有一块洋火腿、一块肥肉、一块豆腐干，与我们同室的一位小姐，是陪同两位波兰专家到无锡游览的。看我低头努力扒饭，她问道："这饭你也吃得下？"我笑着说："吃饱是一回事，吃好是另一回事。"

车到无锡，看两个老外和那女的陪同下车，心想这次行程，竟没有无锡这一站，无锡的肉骨头和著名的小笼馒头都吃不成了，颇为怅然。突然听到站台上有肉骨头的叫喊声，伸头窗外看到小贩推车叫卖，于是立即飞奔下车买了两盒，又意外地买了一竹篓子小笼馒头。无锡有句俗话："惠山泥人肉骨头，小笼馒头油面筋。"说的是无锡四大特产，肉骨头和小笼馒头都可以现吃的，据说肉骨头是济公吃出来，小笼馒头杨乃武吃了也叫绝，所以这两种传统吃食，由来已久。

肉骨头实际是"酱炙排骨"。无锡流行一句话"好肉出在骨头边"，也就是说肉骨头取三夹精内排，用老汁加香料制成，其特色是骨少肉多，油而不腻，骨酥肉鲜，甜咸适宜，色呈紫红，热吃冷食均可，我买的这两盒"真陆稿荐"的肉骨头，颇合这个标准。至于小笼馒头的特色是皮薄有韧性，馅多一包卤。我买的这一竹篓小笼馒头，正是五芳斋所制，虽已冷却不见肥油，卤溢于外有淡酱色结晶，味甚鲜美，也远超过上海的南翔小笼。

这真是意外的收获，现在这房间只剩下我们一家两人，各据一铺，中隔一小茶几，于是将肉骨头、小笼馒头置于茶几上，我踞坐铺位上，一手执啤酒瓶，一手拿肉骨头，颇似济癫当年。窗外是细雨中的葱绿田野，竹林疏树间浮着薄霭，映着灰白相间农舍的飞檐，转瞬倒逝，顷刻又来。

这是江南，是真正的江南，不必再忆江南了。食罢，清理毕，将行囊中的军用水壶取出，壶中有早晨来时沏妥的文山清茶，又点燃一支烟抽了，于是闭目入睡，真的是梦里不知身是客了。

在南京游罢明孝陵，又去中山陵。我对陪同小李说："中山陵你不知来了多少趟，且在车上休息，我们自己逛。"站在陵园大道，遥望山坡上云白的石阶，游人如织。阳光照在陵寝蓝色的琉璃瓦上，似蒙上淡淡的一层尘。我废然而叹："此陵暂不谒也罢！"于是我俩默然坐在路旁林荫的石凳上，一种历史的悲怆窒塞胸间，使我有泫然欲涕的感觉。看看腕上的表，时间差不多了。起身走出陵园，上车对小李说："人真挤。"他说："再去。"我说："免了。"转头对开车的师傅说："咱们到夫子庙吃午饭去。"

　　到大子庙下车，那师傅说："那年总理来南京，到夫子庙一看，指示这里要作重点保护，所以这些楼都是新建的。"我顺着他的手指望过去，建筑物虽然古色古香，但多是新的，颇似电影制片厂的布景街。经早上一游，我已无心再逛。经过六凤居门口，正在炸葱油饼，葱香四溢。突然想起六凤居是间老店，过去葱油饼和豆腐脑就很出名，也许是刚伯先生吃过的小馆。于是，我回头说，就在这里吃吧。

　　上楼坐定，我要了一盘咸水鸭、炒鳝糊、炒虾仁。看到厨房墙的黑板写清炖甲鱼，也来一个，后来再看手中的菜单上有炖生敲，又添了这个菜。堂倌师傅一听笑了，说这是道地的南京菜。"生敲"即将鳝鱼剥开铺平、过油微炸，切成块状，置于砂锅浑炖，趁热上桌。味酥美而略甘，我自己曾试做不成，没有想到在这里吃到了。又来了几瓶啤酒和一斤葱油饼。咸水鸭是南京的名食，但不如台北李嘉兴的。虾仁当然不要提了，清蒸甲鱼上来，下箸一尝，甲鱼竟是腌过的。

　　这里因为来料不新鲜又无冰柜，因此都是用腌了，我先后吃过清炖鸡、清炖蹄髈、清蒸桂花鱼，都是腌制的，既经腌制，如何清得了。材料难求，烹调就受限制了。南大的穆师傅说他为了做一个冬瓜盅，要开好几十里路的车子，直接到乡下去买。如今这里的菜都偏咸，难怪大家都抱着个水瓶猛喝水。江南菜肴偏咸，就失去原来咸中带甜、甜中藏鲜的韵味了。不过,那个炖生敲却酥美甘鲜,已是非常难得了。

在苏州有几次车过临顿路,那是过去我到拙政园附近的学校上学,每天必经的路,只是记不得旧时的街名了。路上看到一家专门做牛肉拉面的兰州清真小馆,店里有个戴白小帽的师傅在灶上忙着。没有想到塞上风味,竟来到江南水乡。我很想下车试试,却没有机会。在南京大学附近的街边,也有家这样的清真小馆。虽然,鼓楼附近有家百年老店马祥兴清真菜馆,在南京是很出名的。因为到广州开会,我曾试过那里颇具规模的"回民菜馆",但要什么没什么,最后来了卤牛舌、羊叉烧各一斤,颇似《水浒传》的叫菜方式,不如去吃小馆。

我们到那里去吃午饭,店里已经满座,后来发现隔壁也有家清真小馆,只卖包子和牛肉汤,店里有三四张桌位,靠外面的一张刚好有空,我们立刻进去坐定,然后我去买票,要了两笼包子和两碗牛肉汤,桌上是一层牛油的陈迹,太太从桌上的筷篓子取出两双筷子,心有所思,我忙低声道:"清真馆子比较干净。"包子来了,一笼五个,个子不小,够吃的。汤清澈见底,碗底沉着牛肉数片。我用筷子捞了一片,牛肉也是腌过的,如再加点硝,就成了陕西的腊牛肉了。我转头看见对街巷口有个卖咸水鸭的摊子,立即想去买半只,却被太太拉住了,说:"你没见墙上写的外菜莫入吗?"只好废然坐下吃包子,包子是葱肉馅的,味道还不错。我们正在吃着,桌旁来了个青年,要了两笼包子,就站在那里风卷残云似地吃光了。

饭罢，出得店来，意犹未尽，想到对面买半只咸水鸭回去啃。后来想到昨天经过前面的大街，有家专卖烧鸡的，不如买只符离集的烧鸡吃。符离集是过去津浦线上的一个小镇。那里的烧鸡是进过贡的。车过符离集都会买一两只在车上吃。台北多卖道口烧鸡，只有推脚踏车的老师傅，卖的是符离集的烧鸡。他的摊子摆仁爱路，我这两年回台北却找不到他，问附近的人都摇头说不知道。我过去为他传过家书，难道他已落叶归根回故里终老了吗？去年我在台北，晚上太太从香港长途电话来，说有位朋友托人专程带了一个符离集的烧鸡来。我在电话里说："你吃，你立即吃，吃了把味道告诉我。"本来这次还要到徐州师范学院作一次讲演，顺便回老家看看，要坐车经过符离集买个烧鸡的，因为时间来不及而作罢。只有在南京吃符离集烧鸡了。我问站柜的师傅，你是符离集人吗？他说符离集离徐州不远，我们算是半个老乡。

我提着烧鸡回来的时候，见到梧桐树荫下，有些卖凉粉的摊子，卖凉粉的老太太手里拿着小铁算子，朝那白白的凉粉团上一刮，就刮出条条的凉粉来，放在碗里加点酱醋和辣椒酱就成了。我凑过去想来一碗，被太太拉住了。不过，后来还是吃到了。

第二天下午逛玄武湖，堤畔柳荫下有个凉粉摊子，摊旁摆了几条长凳，我们各据一凳，来了一碗凉粉吃起来。说实在的，凉粉不甚好吃。但面对玄武湖，熏风徐来，柳绿依依，湖上波光粼粼，颇有雅趣。

从南京又回到上海，事先就给老庄说定，我们这次要住市区，方便自由活动。他为我们订了外滩的和平饭店。临窗下望，外滩旧厦林立，黄浦江上船只往来，路上车拥车，人碰人，真的是四十年如昨日，一点也没有变。只是却更残旧了。

不过，在上海最后两天却是非常愉快的，我们随着街上拥挤的人潮，在上海最繁华的南京路游荡着。从这个吃食店到那个吃食店，在老大房买包鸭肫边走边吃，或在马咏斋买块糟肉，站着吃了抹嘴就走。或者累了就像当地人一样，买根棒冰靠着路旁的铁栏看人挤公共汽车。再逛逛商店或书画店，买些画册。饿了就找地方吃饭。其中"老正兴"是我们吃的一个馆子。

在穿街过巷时，我记下不少菜馆的名字，但却被"老正兴菜馆"的那块绿底金字招牌吸引住了。那块招牌虽是绿底金字，但也像外滩的许多大楼一样残旧，而且蒙上一层厚厚的灰尘。这个由夏连发在 30 年代开创的"正源馆"，后来扩大为一楼一底的"老正兴"。"老正兴"兴盛的时候，外地不算，单上海就有几十家以"老正兴"为名的菜馆。现在只此一家别无分号，还是在最初的山东中路。过去这里的煎糟、肚裆、下巴、秃肺都是很有名的。

我们在别人还没有上市的时候就去了。没有想到誉满中外的"老正兴"，店面竟这么小，楼上是整桌酒席的。楼下堂座只有七八张台子，而且桌凳都简陋铁脚的，一似台北小镇的大众食堂。好在里面的空调很足。我们找了张小桌坐下来，太太从背包里拿出纸巾，将桌子揩干净。站堂的女师傅过来，我先点了烧下巴和炒秃肺，她说现在没有鲭鱼，不做这个菜。说着将菜单递给我，我照菜单点了个拖黄鱼，她说没有。我点炒虾腰，她又说没有。她建议我们点红烧黄鱼，我摇头。最后她为我们写了炒鲜贝、红烧转弯——平常我是不吃鸡翅膀的——炒绿豆芽三个菜。我又要了四两饭，再添了个汤头尾。

在等菜来的时候，客人也开始上座了。堂里的几张桌子很快坐满了。我们对面来了一对青年男女，衣着入时，站在桌边对我们上下打量，似在考究我们是否可以与他们同桌，然后才坐了下来。这对男女大概二十六岁光景，女的穿着绿底白纱洋装、项上带着很粗的金链，金链还垂着一块分量不轻的金牌。他们坐定后，太太用肘碰了我一下，我看见那女子右手戴了三只金戒指，左手又戴了两只宝石戒指，一蓝一红。意外的是那男子手上也带了三只金戒指，真的是珠光宝气。那青年女师傅走了过来，先摸摸那女子项上的金链说："好重呀！"然后将那女子挤了挤，一屁股坐在那女子的凳子上。将菜单打开点菜了。那女师傅终于将红烧黄鱼推销出去。我记得红烧黄鱼的价钱不便宜，大概二十七八块。

于是，又写红烧圈子和鳝糊，另外一个汤。

女师傅算了账，一共六十几块钱。这是个不小的数目了。那个女的打开皮包数了钱，交给那女师傅，"哗！这么多钱都带在身上，小心被扒了。"女师傅在那女人数钱的时候说，我瞟了一眼，那叠十块一张的人民币，少说也有千多块。我很难摸清这对青年男女的身份，后来问朋友，朋友说可能是个体户。现在个体户都很有钱，车站有个拉板车的，一个月收入一千四五百块，那是一个大学教授大半年的薪水了。

等了很久我们的菜来了，我向那女师傅做了个手势，请她将四两饭给我们，她也向我做了个手势，又笑着走向别处了。不知道为什么，到最后那四两饭都没有来。还有一味炒豆芽也没有来，虽然我们已经先付了账，但却不愿多说，可能炒豆芽也像摆在面前的两个菜一样，可吃的并不太多。所以，我们有更多的时间欣赏对面的两位和周围食客的吃相。

对面的两位，嘴凑着盆子吃得津津有味，我有兴趣的是那碟红烧黄鱼，两条约莫三指宽的小黄鱼，上面浇了些酱汁，的确这种黄鱼是无法做拖黄鱼的。看看四周有蹲在凳子上的，有向地上吐骨头吐菜渣的。没有想到老正兴和老正兴的菜，竟堕落到这个地步。那些食客个个面前摆着包洋烟，有的甚至上衣口袋里还装了两包，但他们的吃相竟那么没有"文明"。最后汤头尾终于来了，我喝了两口就搁下了。那汤腥重，实在难以下咽。我吃东西虽然不拣地方，但这个地方却使我食兴缺缺，只有走了。

我们要离开上海的那天，飞机是晚上的，早晨起来，我说上次逛城隍庙太匆匆，人家都说"绿波廊"的点心好，不如上城隍庙去吃早点，太太取出地图，用手一量，距离比我们逛的南京路来得短，我们可以步行去的。于是太太带了地图，我跟在她后面到城隍庙去。

早晨逛城隍庙的人少，显得空旷些。我们先到"满春园"喝绿豆汤，因为那里甜品是很有名的。我去买票，又叫太太先去挤个位子，然后端了两碗绿豆汤过去，这是我很想喝的一碗绿豆汤。那是碗里已放妥煮好的绿豆、糯米饭及薏米，再加上几小块红色的山楂糕，吃时浇上清凉的薄荷糖水。当年在苏州是担着担子沿街叫卖的。站在阴凉地里喝一碗，的确是消暑妙品。但这次在苏州却没有找到。没有想到这里还有，可是喝了一口失望了，样子还是那个样子，味道却完全不对了。于是拉着太太向外走，在门口，太太指指堆在那里的八宝糯米饭，她说看样子还不错。我买了两个放在背袋里，带回香港蒸了吃。

出得门来看到"乔家栅"的幌子迎风飘展，那是"乔家栅"临时设的早点摊子，挤了许多人，我也挤了进去，抢到最后两块方糕和红豆糕，还有几粒擂沙丸子。然后又看到那里堆了很多粽子，突然想到我们回到香港的第三天就是端午，于是出来拉着太太再挤进人丛，买了肉的和豆沙的粽子各十个，嘉兴的火腿粽子五个，嘉兴就是湖州，这是标准的湖州粽子。回来一吃竟还不错，至少没有香港台湾的那么多油。

背着沉重的粽子和糯米饭，去"绿波廊"点心铺。"绿波廊"刚开市，我们就扶梯上楼捷足先登了。选了个紧靠窗边的八仙桌坐下，楼上装置得古色古香，倒也雅致。站堂的师傅过来递过点谱，我叫了几样，他说不卖，必须吃成套的。我看到单子下面，多了一行歪歪的字，一套十五元，我说那么来一套，我们再来点其他的菜。他说不行，要来就是每人一套，一套二十元。于是，我们来了两套，又点了个清炒虾仁。看看到最后可否吃到好的虾仁。临窗外望，"绿波廊"倚湖心亭的鱼池而筑，面对豫园。早晨游豫园的人不多，豫园亭台楼阁的飞檐，在阳光下显得那么古朴宁静，池里红色的小锦鲤，群集在微波中游荡着，是那么恬淡悠闲，这倒是我一路吃来，最有雅趣的所在。

不知什么时候座上又多了两个人，一个老外，一个中国人。另外一个师傅去招呼他们，他们也来了两套，但却是每一套十五元。太太将那个为我写单子的师傅唤过来说："菜单上明明写着十五块，你硬要二十，这也罢了。为什么他们还是十五，我们却要二十？"那师傅脸一红说："涨了！"他转身叫另一个师傅告诉同桌的客人，他们也是一套二十块。我很抱歉另一桌多花了十块钱。可是这也是没有办法的事。今天在中国大陆，谁管事谁说的话才算数。白纸黑字写得再清楚也不算。配套的点心来了，其中火腿萝卜丝饼、眉毛酥、枣酥尚可一吃，至于蒸饺、素包、香菇肉丁包子还不如"银翼"过去的杂式小笼。只是这个可爱的早晨，被那年轻师傅搅坏了。

当飞机凌空飞起，依窗下望，过去繁华如白昼的上海，如今只剩下灯火数点，在黑暗里闪烁着，似寒夜的星星。不知周璇当日唱的"夜上海"现在到哪里去了。我将头靠在椅子上，深深呼了一口气，才有时间清理一下这两个星期零乱的思绪。是的，我来，我看，而且我也吃过了。但还是不知道为什么要来，难道只是为了来吃一圈吗？

对于吃，我一直认为是文化的一个重要环节，而且是长久生活习惯积累而成的。我曾看到一位老太太在街边洗菜，她正在清洗一块不小的猪肝，旁边竹篮子里，还有半只洗妥的鸭子和一只猪脚。而且都是新鲜的。想是从自由市场买回来的。我凑过去问道："请客呀！"那老太太抬起头来笑着说："勿是咯！小囝今朝回来吃夜饭。"她笑得那么粲然，一如檐外早晨的阳光。是的，现在大家有得吃了。吃是最现实的，只要现在有的吃，谁还管明天！明天，留给那些大人先生了。

现在，很多人都去过了。很多人回来都谈那里存在的大问题，却很少人像我这样去吃。事实上，许多问题都存在在吃里。因为从没有吃跳跃到有的吃，中间出现了一个文化的断层，因此，虽然如今有的吃了，但却不会吃，而且也没有过去那种味道，更没有以往的雅致和情趣了。

实际上，所有的问题也存在在这里。就像过去妻子称"爱人"，现在不兴称"爱人"了，但却不知怎么称呼，只有开口一个"我夫人"，闭口一个"我夫人"。所以，当大家吃饱后摸着肚皮，突然想起一件被遗忘了很久的事，于是又忙着在大街小巷，扯起红色的布条幅来。只是红色的条幅上，写的不再是革命的口号，而是喊着要大家注意"文明"了。我从上海城隍庙经苏州的玄妙观，到南京的夫子庙一路吃来，总觉得其中缺少些什么。没有想到那缺少的，竟又变成一个口号，被写在那红色的条幅上了。

姑苏城内

到了，首先看到的，还是那座塔。

那座塔矗立在夏日清晨的阳光里。清晨的阳光似一顷透明流动的液体，浇注在那座塔上，四十年的风雨和沧桑，就这样静静悄悄地流过去了。我走时也是个阳光的早晨，却在寒冷的冬天里。我缩着脖子顶着凛凛的北风，随着沉默仓皇的人潮，从塔旁经过，黄冉冉的晨曦正照在塔顶上，映得塔隙间冒出的衰草格外苍苍。苍苍的衰草抖索在寒风里，是那么凄凄切切。那天正是大年除夕的早晨，远处隐隐传来噼啪的声响，但却分辨不出是庆团圆的爆竹，还是追兵的枪响。

现在，我来了。但这里却不是我的故乡，更没有亲人留居，只是我曾经生活过的地方。在过去一串离乱的岁月里，被烽火燃烧着，从西南飘流到东南。脚步不停地在地图上的不同小黑点间移动着。但那许多陌生的小黑点，在我记忆里像回潮的底片，早已模糊不清了。最后来到这里，在这个城里过了几年虽不安稳，却不再迁徙的日子。所以，这座城在我心里，像散落在春水池塘里的桃花，又被细雨斜风吹聚在

149

一起，久久不散，而且颜色又是那么鲜明。过去常有人问起，如果回去，最想去哪里，我说的就是这座城。

如今，真的来了，走在这城里的长街上，发现这座城似乎变了模样。这是我走过千百遍的长街，每天上学放学都从这街上走过。我熟悉这长街的每一家店铺，抚摸过伛偻在巷口的老树，踩踏过铺在街心的鹅卵石。那些铺在街心的鹅卵石，日久天长已被磨得非常光滑，尤其暮春三月细风吹乱雨丝后的早晨，显得格外净洁。街旁的老树，不知什么时候吐出了鹅黄的叶芽。树下有几只嬉戏的狗，追逐着穿过街心，消逝在对面的巷子里。对面的巷子庭院深深，深深的庭院里有几枝出墙嫣笑的桃花。

这长街似沉睡方醒，整个街面被一层轻柔的雾纱牵扯着，朦胧的雾纱罩着几个端着脸盆或提着水壶的人影。那是到老虎灶洗脸或提开水的人。这的确是很温暖的景象，尤其是酷寒的冬天早晨，从灶旁经过的时候。灶里的稻糠熊熊烧着，锅里沸腾的滚水，分散出来的蒸气弥漫了一屋。灶旁有握着水瓢老掌柜微笑的脸。灶下的小伙计一面打盹，一面用手拉抽着风箱。

再过去是怡园，怡园对面就是朱鸿兴了。朱鸿兴和几家老虎灶，都是这长街早开市的铺子。对于朱鸿兴，我有更深长的记忆。在一篇文章里曾这样写道：朱鸿兴专卖早点，而以焖肉面最普遍，当然还有汤包和其他面点。每天早晨，许多拉车和卖菜的，都各端一碗，蹲在街边廊下，低着头扒

唐吟方 绘

唐吟方 绘

食。我早晨上学走到这里，把钱交给倚靠柜台、穿着苏州传统蓝布大围裙的胖老板，他接过钱向身后那个大竹筒里一塞，回头向里一摆手，接着堂倌拖长了嗓子对厨下一吆喝。不一会儿面就送到面前。我端着面碗走到门外来，捡个空隙把书包放在地上，就蹲下扒食起来。

那的确是一碗很美的面，褐色的汤中浮着丝丝银白色的面条。面条四周飘散着青白相间的蒜花，面上覆盖着一块寸多厚半肥半瘦的焖肉，肉已冻凝，红白相间层次分明。吃时先将面翻到下面，让肉在汤里泡着。等面吃完，肥肉已化尽溶于汤汁之中，和汤喝下，汤腴腴的咸里带甜。然后再舔舔嘴唇，把碗交还。走到廊外，太阳已爬过古老的屋脊，照在街上颗颗光亮的鹅卵石上，这真是个美丽的早晨。

但等我再找上门的时候，朱鸿兴已经歇了。不仅歇了，连店面也拆了。被拆得残缺的门槛上，贴了张褪了色的告白，我看了有莫名的惆怅。从屋外朝内望，屋内堆着些残椽碎瓦，还有几堆黄土，我跨过门槛走了进去，有几许怀古忆旧的思绪，抬头上望，三面墙夹着一块蓝天，才发现这里很多事物都改变了，就像这条长街的名字一样，过去叫护龙街，现在改称人民路了。从护龙到人民，倒真的是一段历史的过程了，而且是非常曲折迂回的。

当然，改变最大的，还是我的旧居。当年我家就在这街上的一条巷子里，那巷子叫仓米巷，过去沈三白和芸娘就住在这里。这是一条两旁都是旧式建筑，不甚宽的巷子，入巷子不远右拐是个弄堂，弄堂的尽头就是我的旧家，一楼一底的洋楼，落座在两亩地的花园里。我的照相簿里还有一幅旧时的照片，那是大哥在阳台上照的。母亲坐在藤椅上正对着阳光穿针引线，膝上摊着要缝补的衣裳。三弟和幼小的四弟与我，伏在母亲膝下的地上，聚精会神地看着一本小书，大概是租来的连环图了。那时该是十月小阳春的天气，温暖的阳光洒满一地。照片没有照到那花园，花园里有几畦母亲拓垦的菜地，菜地生产的新鲜的菜蔬，自家吃不完，就送附近矮屋的邻舍吃。

这幢楼分成前后两座，前楼和后楼有条雕花的陆桥相通。我就住在后楼，后楼只有两间房，外面的一间是书房，书房外是个不小的阳台，月明风清的夜里，满室都是月影，我常常站在阳台上，看隔壁那个废园，那也是很大的宅子，不知为什么荒废了。月夜的废园使人有种凄清阴森的感觉，尤其在起风的夜里，园中颓败的小桥像是有白衣的人影在走动。废园外是条长巷，对面也是深深的庭院，庭院里有几株参天的老树，冬天树叶落尽后只剩下枯枝。在黄昏满天的彩霞里，有成群归巢的老鸦，喧噪着绕枝回飞。我喜欢在月夜，和朋友并肩而行，踩着满地的树影和落叶，默默地步出寂寂的长巷，经过三元坊到沧浪亭去。站在沧浪亭的池边，看着对岸亭榭和假山的阴影，倒映在满池的月色里，偶尔一阵风来吹皱了池水，也带来几卷遮月的浮云，将这夜色点缀得更凄美了。

　　我去探访旧居，正是烈日当头的正午时分，走进巷子依稀旧时的模样，转入弄堂走到尽头，竟被一道高墙挡住了。墙内是一列高楼建筑物，靠墙的地方有一座没有拆除的旧楼房，楼房旁有一座残破的水塔。看着那水塔，我突然想起这是我住过的后楼了。当日我犯了错，怕父亲母亲责骂，常常是在水塔旁的厨房吃了饭，沿着楼边的铁梯子爬到后楼，再将由陆桥通向前楼的门拴住。拉起来十天半月不和他们谋面，是非常安全的。

　　现在小楼的屋瓦已被掀去，屋外的阳台也被敲掉了。几扇朝北朝西的窗子，被打得只剩下几个黑洞，像盲人的眼睛朝天空翻瞪着，旁边水塔的支架已被锈蚀歪斜着，这真的就是我居住过，盛满诗意的小楼吗？正踌躇间，从墙旁矮屋里走出来一位老者。他眯着眼，张着没有牙齿的嘴打量着我。我说我四十年前住过这里，现在回来看看。他哦了一声，说出父亲的名字。他说他姓王，一直住在这里。接着王老先生指着墙内的那列楼房说："你们家的院子和隔壁刘家的园子，合在一起，现在是第二人民医院了。"他又说："你们这院子很大，现在人民路那家清真馆，就是当时的边门。"他又热情地邀我到他家坐坐，我看看腕上的表，正是午饭时刻，谢了他的好意，告辞了。我再回首看看那残缺的小楼，再看看王老先生和善布满皱纹的脸，两行热泪在我太阳眼镜后流了下来。我读过也讲过太多历史的悲怆，现在却真的体会到了。

后来两天，这种悲怆的情绪一直萦绕着我，等我再爬上盘门的城楼，内外眺望时，这种悲怆的情绪更浓了。也许当年正是爱上城楼的年纪，往往载着满怀西风，踯躅城头，或许想在那荒烟蔓草中，捡拾些历史的悲愁，来排遣无谓的青涩烦忧。现在城墙拆了，据说是为了建筑环城公路。但公路始终没有动工，古城的诗韵却一去不返了。现在只剩下盘门一隅。盘门的城楼、离城楼不远的瑞光塔和城外护城河上的吴桥，如今并称为盘门三景。

既称为盘门三景，成了个观光点，就无甚可观了。不过，我还是去了。上得城来，发现城楼竟是新建的，上面悬的也不知是谁家的旗帜。旗下还升着一串红灯笼，一似现代电影里的场景，我的兴味就索然了。

我在新筑的水泥路上往来走着，手扶垛堞外望，了无兴废之叹，哪里还能怆然泪下呢！城外的吴桥倒是座典型的水乡拱桥，也是新的，桥上人车熙攘，车是自行车，桥下的汽船翻起黑色的浪，再往远看是些工厂，工厂的烟囱吐着浓浓的黑烟。回首瑞光塔孤立在斜阳里，真是看尽兴衰了。

我默然步下城来，然后驶车去沧浪亭，在暮色苍茫中，隔着车窗看看浊黄色的沧浪水，就向前面开车的师傅摆摆手，悄悄说了声走吧。最后我坐在道旁，看着法国梧桐绿荫遮盖的街道上往来的行人，我想在这条我熟悉的街道上，在许多往来的行人中，即使有我少年的游伴，也是纵便相逢应不识了。

于是，我到旁边的小铺买了瓶橘子水，回来慢慢啜吸着。在这个我曾经生活过亲切又熟悉的城里，我竟是个外来的陌生人了。抬起头来，我看见的，还是那座塔。那座塔矗立在长街的尽头，烟尘滚滚的骄阳下。

银丝细面拌蹄髈

苏州人主食是米，但他们的早餐在家吃粥，出外则吃面。

苏州人的粥有白米粥和饭焦粥两种，白米粥和我们平常喝的稀饭无异。至于饭焦粥，则以隔夜的陈饭与锅巴共煮，又称泡饭。过去苏州人烧灶以稻草为燃料，将稻草扎成把，入灶燃烧。饭焖熟后，灶里尚有余烬，再以稻草一燎，饭启锅后，锅底留下薄薄一层金黄的锅巴，是为饭焦，趁热撒绵糖食之，既焦且脆又香甜。

以稻草为燃料，剩下的余烬可以焗菜，常熟王四饭店的叫花鸡由此而出。煮饭余下的饭焦，可煮泡饭粥，亦可制菜，无锡的锅巴虾仁，又称平地一声雷，抗战时流行重庆，称轰炸东京。所以一种菜肴的出现，不仅限于所用的原料，和所用的燃料也有关联。现在煮饭改用电锅，已无锅巴，香味扑鼻的饭焦粥，留待成追忆了。过去苏州大户人家晚餐后必食饭焦粥一小瓯，配紫姜芽与现渍的酱萝卜食之，可以去积食助消化。苏州谚语说人不知世事为"不识粥饭"，即此之谓。饭焦粥又称水饭，事见徐珂《清稗类钞》，乾隆南巡，在苏州就吃过这种水饭。

一

苏州人出外过早则食面。早晨出外吃面的习惯，由来已久。瓶圆子《苏州竹枝词》云："三鲜大面一朝忙，酒馆门头终日狂。"即面馆营早市，酒馆终日不停。瓶圆子是清康熙时人。至乾隆时面馆营业更盛，面馆业在宫巷关帝庙内创立公所，现苏州碑刻博物馆藏光绪三十年（1904）《苏州面馆业各店捐输碑》一块，议定各面馆自其利润中每千文捐一文，作为公所公益之用，捐输最多者四百六十文，最少为六十文，列名碑上者共八十八家，其捐一百五十文以上者有三十余家，计有：观正兴、松鹤楼、正元馆、义昌福、陈恒锠、南义兴、北上元万和馆、长春馆、添兴馆、瑞兴馆、陆兴馆、胜兴馆、鸿元馆、陆同兴、万与馆、刘兴馆、泳和馆、上淋馆、增兴馆、凤林馆、兴兴馆、锦源馆、新德馆、洪源馆、正源馆、德兴馆、元兴馆、老锦兴、长兴馆、陆正兴、张锦记、新南义兴、瑞安楼……

这些面馆输六十文以上者，始得列名榜上，未上榜者不知凡几，可见当时苏州面馆的兴盛，街巷都有面馆了。其中又以观正兴捐输四百六十钱居首。观正兴后改观振兴，是正宗苏州面馆的老字号，创业于清同治三年（1864），最初在观前街玄妙观照墙旁营业，民国十八年（1929）观前街拓宽，玄妙观照门拆除，两侧建三层楼房，观振兴赁其西侧楼下继续经营，后来迁至观前街东头，与陆稿荐相对，最后观前街为行人步行街而改建，观振兴被迫迁离，至彩香新村，观振兴迁此不久就歇业了。观振兴看罢观前街的繁华盛衰，最后被迫迁离而歇业，观振兴的兴废，道尽了苏州面馆业的沧桑。

这些面馆业者最初可能是肩挑骆驼担子，风里雨里敲着笃笃梆子穿街过巷卖面人，积下来的辛苦钱开间门面，由此白手兴家，皮市街的张锦记是这样发家的。莲影《苏州小食志》云："皮市街狮桥旁张锦记面馆，亦有百余年历史者，初，店主人挑一馄饨担，以调和五味咸淡得宜，驰名遐迩，营业日形发达，遂舍挑担生涯，而开面馆焉。"面馆既开之后，焖肉大面汤味清隽，深得新旧顾客喜爱，相传三四代不衰。张锦记亦名列光绪年间的《苏州面馆业各店捐输碑》中，是苏州面馆的老字号。

张锦记店主最初挑的馄饨担子，苏州俗称骆驼担子，前头是锅灶，后头上格置各种调味料与碗匙筷子，其下有抽屉数层，分置馄饨与面条，最下格放置汤罐，内有原汤与焖肉，洗碗的水盆与用水则悬于担外，叫卖敲的梆子则绑在前头灶脚下，两头以扁担相连，其上有薄木板凸起似驼峰，故名。或因担子过沉重，挑担者负荷似骆驼而名之。《浮生六记·闲情记趣》略云："苏城有南园、北园二处，菜花黄时，苦无酒家小饮。携榼而往，对花冷饮，殊无意味……芸笑

曰：明日但各出杖头钱，我自担炉火来。……余问曰：卿果
自往乎？！芸曰：非也，妾见市中有卖馄饨者，其锅灶无不
备，盍雇而往？妾先烹调端整，到彼处再——下锅，茶酒两
便。……街头有鲍姓者，卖馄饨为业，以百钱雇其担，约以
明日午后，鲍欣然允议。"鲍某所挑的馄饨担即是骆驼担子，
现苏州民俗博物馆藏有一副，观前街玄妙观广场有铁塑骆驼
担子一座，前立一老者即挑担者，我每过此，抚之良久。

　　苏州的面以浇头而论，种类繁多。所谓浇头，是面上加
添的佐食之物。所有的面基本上都是阳春面，也就是光面。
所谓阳春，取阳春白雪之意，非常雅致。阳春面加添不同的
浇头而有焖肉、爆鱼、炒肉、块鱼、爆鳝、鳝丝、鳝糊、虾
仁、卤鸭、三鲜、十景、香菇面筋等。所有浇头事先烹妥置
于大盆中，出面时加添即可。另有过桥，材料现炒现爆，盛
于一小碗中与面同上，有蟹粉、虾蟹、虾腰、三虾、爆肚
等，不下数十种。

　　由于食客习惯喜好不同，同一种浇头又分成不同的类
别。朱枫隐《苏州面馆花色》云："苏州面馆中多专卖面，
然即一面，花色繁多，如肉面曰带面，鱼面曰本色。肉面之
中，又分肥瘦者曰五花，曰硬膘，亦曰大精头，纯瘦者曰去
皮，曰瓜尖，又有曰小肉者，惟夏天卖之。鱼面中分曰肚
当，曰头尾，曰惚水，曰卷菜，双浇者曰二鲜，三浇者曰三
鲜，鱼肉双浇者曰红二鲜，鸡肉双浇者曰白二鲜，鳝丝面又
名鳝背者。面之总名曰大面，大面之中又分硬面烂面，其无

浇头者，曰光面，曰免浇。如冬月恐其浇头不热，可令其置于碗底，名曰底浇，暑月中嫌汤过烫，可吃拌面，拌面又分冷拌热拌，热拌曰鳝卤、肉卤拌，又有名素拌者，则镇以酱麻糟三油拌之，更觉清香可口。其素面暑月中有之。卤鸭面亦暑月有之。面亦有喜葱者曰重青，不喜葱者则曰免青，二鲜面又曰鸳鸯，大面曰大鸳鸯。凡此种种面色，耳听跑堂口中所唤，其如丈二和尚摸不着头脑也。"

由此可见苏州人吃面的讲究了。苏州面的浇头种类虽多，普遍的则是爆鱼和焖肉两种，爆鱼以阳澄湖的青鱼炸余而成，至于焖肉面的浇头，选用猪肋肉加盐、酱油、绵糖与葱姜料酒，以文火久焖而成。

苏州面用的生面，最初是各面馆自制银丝细面。银丝细面细而长，韧而爽，久煮不煳不坨，条条可数。煮面用直径二三尺的大镬，黎明时分镬中水初滚，面投水中，若江中放排，浮于波上，整齐有序。再沸之后，即撩于观音斗中，观音斗上圆下尖，最初为观振兴所创，面入斗中，面汤即沥尽，倾入卤汤碗中，隆若鲫鱼背，然后撒葱花数点，最后添上浇头即成。最早入锅的面汤净面爽，所以，苏州人有黎明即起，摸黑赶往面店，为的是吃碗头汤面。

银丝细面民国以后改用机制，各面馆应用起来格外方便。不过，1949年后，新乐面馆异军突起，改用小宽面，各面馆争相效尤，连老字号的观振兴、朱鸿兴也用小宽面，小宽面入碗成坨，口感不爽，近十余年又恢复银丝细面。一种饮食传统经年累积，众口尝试已成习惯，不是轻易可以变更的。不过，小宽面并未废置，仍用于夏季的风扇凉面，过去凉面以电扇吹凉，故名。苏州的凉面皆用小宽面制成，也是一种饮食的传统。

二

　　苏州的面基本都是阳春面加浇头，面的高下，在于汤底，面汤分红白两种，红汤以不同的浇头卤汁，掺高汤与不同作料和料酒绵糖调制而成，汤成褐红色，红汤的高下则在于浇头的烹调工夫。白汤出于枫桥大面，枫桥大面即枫桥的焖肉面，其汤底以鳝鱼与鳝鱼骨再以酒酿提味熬成，江南初夏是鳝鱼盛产期，端午前后，各面馆就挂起枫桥大面的幌子。红汤色重香醇，白汤则汤清味鲜，除红白两种汤外，还有昆山奥灶面的汤，奥灶创于咸丰年间，在昆山玉山镇半山桥，初名天香馆，后更复兴馆。光绪年间，由富户女佣颜陈氏接手经营，以爆鱼面驰名，其制爆鱼将活鲜的青鱼均匀切块，以当地的菜籽油炼成红油，炸爆鱼剩余物的鱼鳞、鱼鳃、鱼血以至青鱼的黏液加作料秘制而成汤，甚得远近食客的喜爱，生意兴隆，因而引起附近面馆的妒忌，称其面奥糟，奥糟为吴语龌龊之意，其后颜陈氏竟将面馆更名奥灶馆，面为奥灶面。

　　虽然汤分红白，面用银丝，然而各面馆仍有其招牌面，如观正兴的蹄髈面著名于时，其蹄髈浇头焖得肉酥味香，入口即化，且以焖肉的汤作汤底，汤醇香滑，傍晚时分的焖蹄髈面最佳，金孟远《吴门新竹枝词》云："时兴细点够肥肠，本色阳春煮白汤，今日屠门得大嚼，银丝细面拌蹄髈。"咏的就是观正兴的焖蹄髈面。炒肉面出于黄天源。黄天源是著名的老糕团店，专卖糕团，兼营面点。或谓当年有一熟客每日来店吃面，照例一碗阳春面，一粒炒肉团子。炒肉团子是苏州夏令名点，以熟的白米粉裹炒肉馅，炒肉馅以鲜肉为主，辅以虾仁、扁尖、木耳、黄花剁碎炒成，中加卤汁，现制现售。客人以炒肉团馅作浇头，其后黄天源以炒肉为浇头的炒肉面流传至今。

至于咸菜肉丝面，则出于渔郎桥的万泰饭店。万泰饭店创于光绪初年，善调治家常菜饭，其面点著名，尤其开阳咸菜肉丝面为其所创。金孟远《吴门新竹枝词》云："时兴菜馆制家常，六十年来齿芳芬，一盏开阳咸菜面，特殊风味说渔郎。"老丹枫是家徽州面馆，以售徽式面点著称。《吴中食谱》云："面之有贵族色彩者，为老丹枫之徽州面，鱼、虾、鸡、鳝无一不有，其价数倍寻常之面，而面更细腻，汤更鲜洁，求之他处不得也。"老丹枫更有小羊面与凤爪面，他处所无，老丹枫早已歇业，中西市皋桥旁的六宜馆仍在，也有百余年的历史了，以爆青鱼尾为浇头，称甩水面。

松鹤楼是苏州饭店的老字号，创于乾隆四十五年（1780），乾隆御笔亲题的金字招牌仍在，过去亦以面点著名，在光绪《苏州面馆业各店捐输碑》名列第二，仅次于观正兴，其卤鸭面最有特色。《吴中食谱》云："每至夏令，松鹤楼有卤鸭面，其时江村乳鸭未丰，而鹅正到好处，寻常菜馆多以鹅代鸭，松鹤楼曾宣言，苟若证其一腿之肉为鹅非鸭者，客责如何？应之所以如何。然其面不如观正兴、老丹枫，故善食者往市其卤鸭，加他家之面也。"故至今松鹤楼的卤鸭面仍是过桥，旧时苏州人行雷斋素，吃斋人逢戒斋或开荤，则往松鹤楼吃碗卤鸭面。

虽然各面馆以不同的浇头著名，仍以焖肉面最普遍。焖肉面是大众食品，是苏州面馆的基础，但仍有高下之别。创于光绪十年（1884），位于阊门外帖墩桥旁的近水台以焖肉面著名，苏州人常言近水台的焖肉面"上风吃，下风香"。不过，朱鸿兴的焖肉面却后来居上。朱鸿兴创于民国十七年，原在护龙街（现人民路）鱼行桥旁与怡园相对。其焖肉面最初由店主朱春鹤亲自至菜市选购材料，特选三精三肥的肋条肉制成焖肉浇头，烹调细致，将肉焖至酥软脱骨，熠入面中即化，但化而不失其形。最后浇头与面汤和面融为一体，咸中带甜，甜中蕴鲜，具体表现苏州面特色，也是姑苏菜肴的特质所在。

三

对于焖肉面，我情有独钟。

当年家住仓米巷。仓米巷到现在还是条不起眼的小巷子，但却是沈三白和芸娘的"闲情记趣"所在，芸娘这里表现了不少出色的灶上工夫。出得巷来，就是鹅卵石铺地的护龙街，过鱼行桥不几步，就是朱鸿兴了。每天早晨上学过此，必吃碗焖肉面，朱鸿兴面的浇头众多，尤其初夏子虾上市之时，以虾仁、虾子、虾脑烹爆的三虾面，虾子与虾脑红艳，虾仁白里透红似脂肪球，面用白汤，现爆的三虾浇头覆于银丝细面之上，别说吃了，看起来就令人垂涎欲滴。不过三虾面价昂非我所能问津，当时我虽是苏州县太爷的二少爷，娘管束甚严，说小孩不能惯坏，给的零用钱只够吃焖肉面的，蹲在街旁廊下与拉车卖菜的共吃，比堂吃便宜。所以对焖肉面记忆颇深，离开苏州，一路南来，那滋味常在舌尖打转，虽然过去台北三六九，日升楼有焖肉面售，但肉硬汤寡，面非银丝而软扒，总不是那种味道。

因此，当年在香港教书，初到内地行走，是到京沪讲学交流，我临时在上海南京之外加了个苏州，为的想吃碗焖肉面。所以，到苏州大学宾馆，刚放下行李，就出门叫了辆三轮，直放护龙街的朱鸿兴，到了朱鸿兴却是一堆断砖残瓦，壁上贴了张因改建新厦向旧雨新知致歉的告白。三年后重临，新厦虽已建妥却成了旧楼。楼下水迹满地，雾气弥漫，于是扶梯登楼要了碗焖肉面，但面用小宽，汤凉肉不软，对着这碗我千里来奔的焖肉面，只有喟叹了。

后来有朋友游苏州归来，告诉我苏州面恢复用银丝细面了。闻之心喜，驿马欲动，四年前的清明前后，少年时在苏州的玩伴联络上了，约在苏州相聚，当年年少十五六，现在都已须发皓然了，于是欣然前往，余兴未了，中秋过后又去苏州，两次前往苏州，都先托朋友订乐乡饭店。乐乡饭店地近北局，转过去就是太监弄，苏州著名的食店集中在此，朱鸿兴也迁来营业。每天早晨弃饭店提供的早餐，穿过北局到朱鸿兴楼上，泡一杯碧螺春，大嚼一碗焖肉面，有时去松鹤楼楼下，吃碗卤鸭面和一客生煎馒头，虽然是蜻蜓点水的逗留，却已慰多年的思念了。

这次在苏州居停三月，苏州的饮食习惯，因社会的转变，已有许多改变，喜的是出门过早吃面的习惯仍在。我来苏州原本无事，闲着也是闲着，不如对苏州吃面的习惯作一次考察，饮食文化工作者的田野工作考察比较简单，只要两肩担一口，带着舌头满街走就行了。苏州面馆林立，街巷皆有。我居拙政园后面的北园路，是个僻静的所在，出门就有三家小面馆，出了北园路就是齐门路。齐门路与临顿路相衔，也不是繁华的街道，有朱鸿兴、近水台、蔡万兴的分号，这些都是苏州著名的面馆，而且是百年的老字号，吃起面来很方便。

现在苏州的面馆，不论大小，多是长条的板桌，进门买票，然后送到出面处，等待取面，和以往不同，或是当年粮票制度的遗痕。取面处和煮面的灶头，有一块大玻璃相隔，里面工作的情形一目了然，灶上放妥作料的面碗堆砌若金字塔，面自锅中撩起，面汤未尽，即倾入碗，加高汤，然后转至前柜加浇头，各种不同的浇头盛于大号的铝盆中，浇头种类，有焖肉、爆鱼、爆鳝、大排、炒肉、雪菜肉丝等等，然后取面，端到长条桌上埋头扒食起来，吃罢碗一推，起身就走，倒也迅速利落，不似当年付钱后，堂倌一串吆喝，什么浇头的面，面软或面硬，面浇或底浇，重青或走青，堂内相应，高低有致，而且堂倌报得很快又是苏白，外人很难听懂。不过，却非常热闹有趣，不像现在静静等待取面似排队领口粮，默默扒面似幼儿园排排坐吃果果，人来人往川流不息，甚是沓杂，很难细细品味碗中的面，似牛吃草，了无情趣可言。

我在苏州适逢盛夏，一领套头衫，一条短裤，一顶遮阳帽，一副太阳镜，一双拖鞋，穿街过巷四处走，而且略谙吴语，他们认为我是从北方退休归来的老同志，所以对我礼遇亦佳。百年老店近水台、朱鸿兴、黄天源、蔡万兴吃过了，后起之秀的十块牌如陆长兴、老东吴、美味斋也吃遍了。十块牌是市政府颁发铜牌，标明某店某种面最著名。那块铜牌或挂于门首，或悬于堂内，以示与众不同。不过，我吃的还是焖肉面。遍尝之后，发现苏州现在的面普遍偏咸。不知什么时候苏州人的口味变重了，菜肴面点偏咸之后，原有咸中带甜，甜里蕴鲜的风味尽失，这才悟到当时在朱鸿兴楼上吃焖肉面，总觉得与旧时味不同，难道是当年苦日子留下的遗痕吗？

一日过华阳桥走平江路，平江路是苏州的旧称，平江路和山塘是目前苏州保存家居临水的两个所在。一路行来家户临河，杨柳拂岸，非常恬静，行至绿葭巷，看到桥旁有家没有招牌的老旧面馆，心想这里地处僻静可能还没有受世风的浸染，于是进店买票要了碗焖肉面。面来，下箸，咸得更甚，于是，我起身出店，难道真的是十步之内没有芳草了吗！

在我宿处不远的东北街拙政园附近，有家远香面馆，是家新张四年的小面馆。面馆临河，厨房却在河的彼岸，二者之间以水泥桥板相连，是吃面的地方，两厢有玻璃窗，玻璃窗以红木镶框，似苏州旧时大户人家的轩厅。轩内置桌五六张，窗明几净。西面的窗对华阳桥，平江河自此湾来，经轩下缓缓流向娄门河。向东的一面，河的两旁是一带白墙黑瓦的临河人家，这是典型的苏州水乡建筑，每户仍有石阶降至水边，这是苏州临河人家系舟的所在，朝阳初起，刷了两旁的白墙黑瓦，余下的金屑跌落在河里，化作金鳞片片，一艘清洁河道的木船驶过，船橹摇碎满河的粼粼点点，顷刻又恢复平静，人坐轩中食面，然后捧清茶一杯，观轩外流水逝者如斯，宁静中颇有雅趣。

我们早晨常来吃面，我吃的还是焖肉面，也是偏咸，后来熟了，我要灶上不要太咸，但原汤早已炖成，若要不咸只有加水，但水添多了汤又寡。于是改吃焖肉爆鳝双浇面。这时正是鳝鱼当令季节，苏州的爆鳝先将活剖的鳝鱼腌制下锅炸酥透，然后回锅焐透，香酥鲜甜而无腥味，和杭州奎元楼的虾爆鳝、无锡聚丰园的脆鳝不同。我往往是焖肉面一碗，爆鳝过桥一小碟，另加切的嫩姜丝一盏，吃时将焖肉与爆鳝焐于碗底，然后将姜丝倾于银丝细面上一拌，此时爆鳝的甜鲜尽出，焖肉的咸味略减，苏州咸中带甜，甜中蕴鲜的风味似可回复几分。

一日午睡方醒，想起往来石路，都经过中西市皋桥，石路在阊门外，是观前街外的另一个闹区。老陆稿荐就在桥旁，老陆稿荐是二百年的老店，以酱肉酱鸭闻名，既以酱肉闻名，其焖肉面的汤底一定不错，于是起身驱车前往，当时正是午后，我独占板桌慢慢地吃起焖肉面来，果如我所料，焖肉面的汤不错，但还是咸了些。吃罢面又另带酱肉和糟鹅各一斤，酱肉已不似当年红艳艳入口即化，肥而不腻。夏令正是糟鹅上市的时候，但鹅瘦小如雏鸭，咸而无糟香，姑苏美食竟然至此，可以一叹！倒是出得门来，发现老陆稿荐隔壁就是六宜馆，六宜馆是百年徽州老馆子。不过，现在已经没落了，徽州馆子向以面点精细著名。第二天我们就去六宜馆晚饭，菜已点妥，我又请老板娘到楼下端碗焖肉面上来，六宜馆楼下长桌数条是卖面点的。面来一试，果然不差，面和汤与焖肉依稀有旧时风味，喜的更是汤不甚咸，真的是破落人家留下一只好的旧饭碗，以后再去六宜馆，不论点多少菜，必来碗焖肉面。

吃了这么多焖肉面，临行前不久，突然想到竟遗漏了同德兴面馆。同德兴馆在嘉御坊。于是赶往，老远就看见黄绿底丝边的幌子，中间写了个斗大的"面"字，随风招展。当时正是午饭时分，入得店来，人声嘈杂，挤了半天场买了红汤焖肉面的面票，然后依红汤白汤两行队伍前去取面，等取了面捧着回来，原先的位子已被人占去，心中甚是不爽，只好在桌角挤了个位子，扒了两口，也没吃出什么味道，就起身出门了。

第二天早晨天下着雨，我又驱车前往，这时早市已过，午饭未至，店里很冷清，我才看清店里的陈设，和他处不同，全是黑漆的八仙桌，长条凳，我拣了个向门对街的座位坐定，要了碗枫桥大面，枫桥大面是白汤的焖肉面，吃了一半，我又要了碗红汤的焖蹄面，堂内不忙，坐柜的小姑娘走了出来问我说："老师傅，吃得落吗？"答说：尝尝。她说来一两面吧，我说也好。一两是面减半，汤照旧，于我面前摆了两碗面，我吃口红汤的，又尝一口白汤的，慢慢品尝着，果然名不虚传，确有些旧时风味。我抬起头来，檐下滴着淅沥的雨，檐外行人撑伞匆匆走过，于是，我低头暗暗盘计，来此三月，前后竟吃了近四十碗的焖肉面，真的是饱食终日，惭愧，惭愧！

美食家之逝

——周瘦鹃与陆文夫的饮食品味

苏州友人电告，陆文夫故去了。闻之愕然，思之黯然。继汪曾祺、邓云乡之后，当今文化人知味者又弱一人。

陆文夫以小说《美食家》闻名于世。《美食家》以朱自冶、孔碧霞为经，姑苏饮食为纬，写的是从旧社会过渡到新社会的苏州人，仍然无法斩断小资产的尾巴，想法设计享受旧时的饮食情趣。说白了，也就是饮食是一种生活积累的文化传统，是无法一刀两断的。当是时，正是伤痕文学流行之际，《美食家》没有伤痕的悲切，只有一种生活的无奈。这种生活的无奈，透过饮食，具体表现出来，平添了窘困生活中的几许温馨。所以，《美食家》一纸风靡，不仅译成多国文字，还摄成电视连续剧，陆文夫也因《美食家》成为真正的苏州美食家。

陆文夫既非苏州人，也不是膏粱子弟，却成为苏州的美食家，真是个异数。陆文夫在他的《吃喝之道》中说："我大小算个作家，我听到了'美食家陆某某'时，也微笑点头，坦然受之，并有提升一级之感。"（《文学世纪》第十七期，2000，香港）因为作家只需有纸笔即可，美食家就不同了，陆文夫说美食家一是要有相当财富与机遇，吃得到，吃得起。二是要有十分灵敏的味觉，食而能知其味。三是要懂一点烹调理论。四是要会营造吃的环境、心情、氛围。美食和饮食是两个概念，饮食是解渴与充饥，美食是以嘴巴为主的艺术欣赏。但美食家并非天生，也需要学习，最好要名师指点。陆文夫说他能懂得一点吃喝之道，是向他的前辈周瘦鹃学来的。

周瘦鹃苏州人，1895年生于上海，少年失怙，家境贫寒，中学时以剧本《爱之花》发表于《小说月报》，享誉文坛，自此以笔耕为生。曾长期主编《申报》副刊《自由谈》并接编《礼拜六》，创办《紫罗兰》《半月》等杂志，是海派文化"蝴蝶鸳鸯派"的巨擘。"八一三"淞沪战役返回故乡苏州，购宅"紫兰小筑"莳花弄草，醉心盆景，是苏派盆景大家。著有《花前琐记》《花花草草》，易帜后加入苏州文联。"文革"事起，他悉心栽培的花木盆景，被红卫兵摧残殆尽，周瘦鹃多年的经营，毁于一旦，伤痛绝望之余，于1968年8月某日投井自杀。

周瘦鹃投井自尽，象征苏州文人生活的终结。苏州的文人生活是明清数百年文化的积累。明清文人的诗文，出于性灵，特别注意日常生活的情趣。这种生活情趣不仅是琴棋书画，饮食也是一个重要的环节，所以，明清之际出现大批的文人食谱，其中最著名是袁枚的《随园食单》，袁枚将他的

《随园食单》与他的诗文等同视之。所以，明清之际的文人将饮食由日常生活的疗饥，提升到艺术的层次。因此，《四库总目提要》将这批文人食谱，与琴棋书画、文房四宝归为一类。这是中国饮食发展一个重要的转折，苏州的文人生活即继承这个文化传统，虽然苏州的文人生活历经变乱式微。周瘦鹃是在现代文学发展过程中，新旧转变的过渡人物，但他仍然保持着传统文人的生活情趣。他是沪上著名的文人，也是美食家。当时他同时主持上海几个重要的杂志和副刊，他组稿的方式就是请撰稿人饮宴，宴会或在上海或在苏州，宴罢稿也组成了。

周瘦鹃饮食生活还有明清文人饮食的痕迹。他的《紫兰小筑九日记》云：

是日，赵国桢馈母油鸭及十景，（园丁）张锦亦欲杀鸡为黍以饷予。自觉享受过当，爰邀荆、觉二丈共之。忽遽命张锦洒扫荷池畔一弓之地，设席于冬青树下，红杜鹃方怒放，因移置座右石桌上，而伴以花荻菖蒲两小盆，复撷锦带花枝作瓶供，借二丈欣赏，以博一粲。部署乍毕，二丈先后至，倾谈甚欢，凤君入厨，为具食事并鸡鸭等七八器，过午始就食，佐以家酿之木樨酒，余尽酒一杯，饭二器，因二丈健谈，故余之饮啖亦健。饭已，进荆丈所贻明前，甘芳心脾，昔人调佳茗如佳人，信哉。寻导观温室陈盆树百余本，二丈倍加激赏，谓为此中甲观，外间不易得，惟见鱼乐国前，盆梅凋零，则相与扼腕叹息，幸尚存三十余本，窃冀其终得无恙耳。

　　席设树荫之下，花前浅酌，饭罢品茗，然后欣赏盆景，这是苏州文人生活的小聚。小聚是一种雅叙，除佳肴美酒外，或赏花观画，或相互吟诗唱和，是必须的。其目的如李晔《竹懒花鸟橛》所谓"淘汰俗情，渐及清望，互相倡咏，以见性灵"。这是苏州文人生活的情趣所在。小聚的佳肴美味，或出于家庖，或出于主持中馈的妇人之手，周瘦鹃的夫人范凤君就是烹饪的高手。《紫兰小筑九日记》又云：

　　午餐肴核绝美，悉出凤君手，一为咸肉炖鲜肉，一为竹笋片炒鸡蛋，一为肉馅鲫鱼，一为笋丁炒蚕豆，一为酱麻油拌竹笋，蚕豆为张锦所种，竹笋则断之竹圃中者，厥味鲜美，此行凤君偕，则食事济矣。

　　这些菜肴，都是陆文夫所说苏州人家常菜。他在《姑苏菜艺》说苏州人日常饮食和饭店的菜有同有异，另成体系，即所谓苏州家常菜。家常菜虽然比较简朴，可是并不马虎。虽然经济实惠，但都是精心制作的，而近乎自然，如炒头刀韭菜、清炒蚕豆、荠菜炒肉丝、酱麻油拌香干马兰头，都是苏州的家常菜，很少人不欢喜吃的。陆文夫并且说周瘦鹃、程小青、范烟桥是苏州文坛耆旧，又是美食家，家常小菜也是不马虎的。后来范凤君过世，周瘦鹃《紫兰忆语》的《鸭话》说："我爱鸭实在鸡之上，往年在上海时，常吃香酥鸭，在苏州常吃母油鸭，不用说都是席上之珍。而二十多年前在扬州吃过烂鸭鱼翅，入口而化，以后却不可复再，亡妻凤君，善制八宝鸭，可称美味。现在虽能仿制，但举箸辛酸，难疗口腹了。"

周瘦鹃继承了明清以来苏州文人的生活情趣，但自周瘦鹃"自绝"于人民之后，这种文人的生活情趣，就成绝唱了。但陆文夫尚能得其二三遗韵。陆文夫说："余生也晚，直到六十年代，才有机会与周先生共席。"陆文夫苏州中学毕业后，就留在苏州，后来进入苏州作家协会工作。陆文夫说作家协会小组成员约六七人，周瘦鹃是组长，组员中他最年轻，听候周瘦鹃的召唤。周瘦鹃每月要召集两次小组会议，名为学习，实际上是聚餐，到松鹤楼去吃一顿。每人出支四元，由陆文夫负责收付。

每次聚餐周瘦鹃都要提前三五天，到松鹤楼去一次，确定日期，并指定厨师，如果指定的厨师不在，则另选吉日。周瘦鹃说，不懂得吃的人是"吃饭店"，懂得吃的"吃厨师"，这是陆文夫向周瘦鹃学得的第一要领。临聚会之时，上得楼来，指定厨师已在恭候，问："各位今天想吃些啥？"周瘦鹃答曰："随便。"因为厨师已选定，一切由他料理了。那时候苏州菜以炒菜为主，炒虾仁、炒腰花、炒鳝丝、炒蟹粉、炒塘鳢鱼片……品味极多，无法一一遍尝，但少了又不甘心，于是便双拼，即在一个腰盘中有两种或三种炒菜。每个人对每种炒菜只吃一两筷，以周瘦鹃的美食理论来说，到饭店吃饭不是吃饱，只是"尝尝味道"。要吃饱到面馆吃碗面就行了。这是陆文夫自周瘦鹃习得的第二个美食要领。

餐罢，厨师来问意见，周瘦鹃很难说个好字，只说："唔，可以吃。"那是怕宠骄了大厨。陆文夫追随周瘦鹃左右，最后终于悟得美食特别注意品味。这就是陆文夫后来《美食家》的张本。

陆文夫知味善饮。但像当时许多人一样，日子过得并不顺遂。陆文夫自幼在家乡就能喝酒。1957年反右，他那时二十九岁。陆文夫在《壶中岁月长》说他恭逢反右派斗争，批判、检查，惶惶不可终日。他说他不知道与世长辞是什么味道，却深深体会世界离我而去是什么味道。自觉也没有什么出息了，不如喝点酒，一醉解千愁。1958年"大跃进"，陆文夫下放到车床厂做车工，连着几个月打夜班，有时三天两夜不睡觉。眼皮像坠着石头，脚下的土地往下沉，在午夜吃夜餐的时候，他买了瓶二两五粮票的白酒藏在口袋里，躲在食堂角落里偷喝。夜餐是一碗面条，没有菜，有时为了加快速度，不引人注意，便把酒倒在面条里，把吃喝混为一体。

1964年，陆文夫又入了另册，到南京附近江宁县李家庄生产大队劳动。他说那次劳动货真价实，每天便挑泥，七八十斤的担子压在肩上，爬河坎，走田埂歪歪斜斜，每一趟都觉得跑不到头了，一定会倒下去……晚饭后上床，虽然浑身疼痛，辗转反侧，百感丛生，这时就需要酒来进化了。陆文夫写道：

乘天色昏暗，到小镇上去敲开店门，妙哉！居然还有兔肉可买。那时间正在"四清"，实行"三同"，不许吃肉，随他去吧，暂且向鲁智深学习，花和尚也是革命的。急买白酒半斤，兔肉四两，酒瓶握在手里，兔肉放在口袋里，匆匆忙忙地向回赶，必须在二里的行程中，把酒喝完，把肉啖尽。好在天色已经大黑，路无行人，远近的村庄上传来狗吠三声两声，仰头，引颈，竖瓶，见满天星斗，时有流星，低头啖肉看路，闻草虫唧唧，或有蛙声。虽无明月可避，却有天地作陪。到了村口的小河边，刚好酒空肉尽，然后将空酒瓶灌满水，沉入河底，不留蛛丝马迹。这下子可以入化了，梦里不知身是客，一夜沉睡到天明。

这是段很美的饮食文学，有明清小品的遗韵。陆文夫这种苦中作乐与无奈，后来常常出现在他的小说《美食家》的场景中。粉碎"四人帮"，陆文夫说，中国人在一周内几乎酒都喝得光光的，他痛饮了一个月，拨笔为文，重操旧业，要写小说了。他要写的小说就是后来的《美食家》。

《美食家》环绕着朱自冶、孔碧霞的饮食生活发展，虽然当时的光景已不如前，颇似顾我乐游没落后的山塘，留下

的绝句："斟酌桥边旧酒楼，昔年曾此数光筹，重来已觉风
情减，忍见飞花逐水流。"但朱自冶与孔碧霞治宴，尽可能
维持往日苏州饮宴的品味。《美食家》写道：

> 洁白的抽纱布台布上，放着一整套玲珑瓷的餐具，那
> 玲珑瓷玲珑别透，蓝边淡青中暗藏着半透明的花纹，像是镂
> 空的，又像会漏水，放射出晶莹的光辉。桌子上没有设花，
> 十二只冷盘就是十二朵鲜花，花黄蓝白，五彩缤纷。凤尾
> 虾、南腿片、毛豆青椒、白斩鸡，这些菜都是有颜色的。熏
> 青豆、五香牛肉、虾子鲞鱼等颜色不太鲜艳，便用各色蔬果
> 镶在四周，有红的山楂，有碧绿的青梅。那虾子鲞鱼照理是
> 不上酒席的，孔碧霞别具匠心，在虾子鲞鱼的周围配上白色
> 的藕片，一方面为了好看，一方面因为虾子鲞鱼太咸，吃了
> 藕片，可以冲淡些。十二朵鲜花，围着个月季，这月季是用
> 钩针编结而成的，可能是孔碧霞女儿的手艺，等会各种热菜
> 便放在花里面。一张大圆桌，就像一朵巨大的花。像荷花，
> 像睡莲，也像一盘向日葵。

陆文夫的描绘虽然有艺术的夸张，但苏州宴席，各色冷
碟在客人入席坐定前已经摆开，色彩艳丽，先给人一种视觉
的享受。然后客人入席坐下，各种菜色陆续上桌，菜色上桌
也有秩序，像朱自冶他家花园里宴客的那席酒宴，十二碟冷
盘已经摆妥：

　　第一道是番茄塞虾仁，各种热炒纷纷摆上桌，三只热炒之后，必有一道甜食，甜食已进了三道，剔心莲子羹、桂花小圆子、藕粉鸡头米。十道菜之后，下半场的大幕拉开，松鼠黄鱼、蜜汁火腿、天下第一菜、翡翠包子、水晶烧卖……一只三套鸭。

　　这是一席标准的姑苏宴席，上菜的秩序皆有章法，菜肴美点除了番茄塞虾仁外，都是苏州的名菜。因为传统的苏州熘虾仁，是不兴加番茄，可能是陆文夫的艺术加工，将炒妥的虾仁置于镂空的番茄中，原只上桌，一人一份，这是中餐西吃。最后压席的菜三套鸭，最初出现在扬州的筵席上，乾隆时只有两套鸭，以鲜鸭套板鸭而成，家鸭板鸭皆去骨，汤汁清鲜，有腊香味。其后改为三套鸭，以老雄鸭去骨，内套去骨的野鸭、鸽子，空隙处塞以火腿片与笋片，冬菇置于砂锅中加调料，文火焖三小时而成。家鸭肥，野鸭鲜，鸽子嫩，一菜三味，是秋冬席上的时令菜。因为秋冬之际太湖野鸭成群而肥美，此菜兴于扬州，传到苏州，亦传至济南，所以三套鸭也见于孔府食单。

　　朱自冶在席上，还说一套姑苏菜肴烹调理论，他说一席酒菜的关键是放盐。但放盐也不是一成不变的，头几道菜宜偏咸，因为客人刚刚开始吃，嘴巴淡，以后的菜渐渐淡下去，如一席有十四个菜，最后的汤，简直就不能放盐，喝起来才鲜美，由咸入淡是苏州菜艺的精义所在，被陆文夫掌握住了。孔碧霞的酒席摆设，朱自冶一席姑苏佳肴美点，充满了姑苏文人饮食生活的风雅余韵，这种风雅遗韵是数百年的文化积累，已经是船过水无痕了。如果说周瘦鹃是苏州文人生活最后一人，那么，陆文夫的《美食家》为这种文人生活品味留下一幅夕阳残照。

陆文夫以小说《美食家》成名，也因《美食家》成为苏州的美食家。这个外乡人以苏州为家，并且开办了老苏州饭店。在社会迅速转变中，维持苏州菜艺的旧时味。他又主编《苏州杂志》，虽然《苏州杂志》标榜的是"当代意识，地方特色，文化风貌"，但这份杂志的内容，由《平江学案》《吴中旧闻》《吴苑茶话》《吴中风物》《姑苏艺廊》几个部分组合而成，关于现代意识的少，却是以往苏州文人生活的内涵，也是周瘦鹃生活趣味所在。陆文夫在其中寻寻觅觅的，可能是苏州即将消逝的生活与饮食品味。

前后几次到苏州，总想和陆文夫见见面，不是时间仓促，就是他病中。去年暑天，我在苏州有较长时间的居停，经友人联系，我们终于见了一面。当时他哮喘复发，手扶楼梯缓缓下来，我们见面握手，陪我来的友人说："两岸著名的美食家终于见面了。"我笑说："我不是美食家，是馋人。"然后坐定，他头发斑白，面容消瘦白净，说起话来缓慢斯文。年轻时可能像苏州弹词里的书生。我谈起老苏州饭店，他面色黯然，他说这饭店原由他的女儿经营，她两年前过世了。然后我们谈起苏州菜色，他轻叹一声，然后说："世道变得太快，没有什么可吃了。"使我想起他在一篇文章说到的"吃喝的境界"，是环境、气氛、心情、处境等等组合而成。也就是过去苏州文人生活中的饮食品味。但现在灯火辉煌的宴会，服务小姐匆匆分食，盘子端上换下，一条松鼠黄鱼不见头尾，也不知色香，更别提其味如何了。往日的饮食情趣尽失，宴罢出门，记得的都是些盘子杯子，也不知到底吃了些什么。……谈到中午时分，告辞，他手扶廊壁送我们出门，门外骄阳正毒，我回首看他站在廊下阴影里，向我们挥手，那身影显得寞落，孤独，甚至有些微苍凉。……如今，姑苏菜色已逐渐式微，美食家陆文夫竟随风而逝了。

更上长安

那年五六月间，我们买妥香港到西安的来回票，并订下钟楼附近的旅馆，准备到西安闲散几天。行期是五月廿三日，廿二日深夜理妥行囊后，打电话给西安的朋友，朋友说如果没有什么急事，可缓些来。他说可缓些来，但我们的机票和订妥的旅馆都牺牲了。

不过，西安还是要去的。因为那是太太儿时住的地方，抗战前后在那里住了十年，这些年她常提起那个地方。她曾在碑林捉迷藏，出东门到灞桥远足，早上吃的甑糕，还有她最初上学的玫瑰教堂……，西安对她，正像苏州对我一样，这两个城市都留着我们童年的梦。她已陪我去过苏州两次，我当然要陪她到西安走一趟。再说我也想尝尝那里真正的泡馍。所以，一年后，我们又更上长安。

当飞机缓缓下降，太太指着窗外说："看，这西安城！"我顺着她的手望下去，整个西安城，在正午的阳光照射下，仿佛已溶在灰蒙蒙的蒸气里。渐渐看清城墙上的垛口，和城楼飞檐下的窗子，这是一座完美的城。对于城，我有太浓厚的历史感情。这几年到大陆行走，总希望到那里看看城，但每次都失望了。城已经被现代化浪涛吞没，离我们越来越遥远模糊了。

我们的宿处还是订在钟楼旁，钟楼是西安的中心。每次到大陆都在闹区歇脚，方便自由行走。钟楼距南院门不远。太太在西安住了多年，先后也搬了几次家，却都在小南门和南院门一带。所以，我们在宿处放下行李，就跟她到南院门寻觅她儿时的脚印了。

南院门是清朝陕甘总督行辕所在地。庚子之乱，慈禧避祸仓皇出京，由风陵渡过河，继续西逃，在九月初四微雨飘洒里来到西安。最初就驻进南院门的总督行辕，后来又搬到北院门督抚府。辛亥革命后，南院门一带是政府机关所在地，商业区也在这里，还有许多著名的饭庄酒楼。当年以秦菜著名的"明德楼"，曾承包过慈禧的伙食。慈禧在西安住了一年，留下不少饮食的逸闻趣事。其中最著名的就是西大街广济街口"老童家"的腊羊肉了。

"老童家"创于光绪年间。掌柜童立明是个回民，自幼家境清寒，以卖小吃营生。后来制出这味名驰西北的腊羊肉来。腊羊肉以带骨的羊肉为原料。用芫硝、桂皮、八角、花椒、草果、小茴香和青海盐腌制，经过煮和焖两个阶段而成。色泽红润，肉质酥烂，膘肉分明，香而不腻。当年老童家的腊羊肉，用的羊专从甘肃庆阳府西峰镇、萧金镇运来。以凤凰亭为商标，沿用迄今。

唐吟方 绘

唐吟方 绘

相传慈禧在西安时，御辇经过广济街口。当年广济街口有个很陡的坡，车辇至此，恰巧老童家烹肉，香味溢出，慈禧喝令停车，要尝尝这民间的美味。品尝之后大加赞赏，传谕引为贡品，日日贡奉。新任军机大臣鹿传霖与李莲英为了讨好慈禧，认为老童家的腊羊肉使老佛爷闻香止辇，而称为"辇止坡"，慈禧称善。于是由兵部尚书赵舒翘的老师邢庭维手书，制成金字门匾一幅，赐给老童家。于是"辇止坡"老童家的腊羊肉就名闻遐迩了。但那块金字招牌在"文革"时被砸了。

腊羊肉虽没吃过，但腊牛肉却是吃过的。在台北陕西馆吃牛羊肉泡馍时，总来一盘佐酒。不过，对老童家的腊羊肉却是垂涎已久。当我们乘车进城经过西大街，看到老童家腊羊肉的市招。招牌黄底红字，不甚起眼，但我望之倍觉亲切。所以，那天黄昏在南院门的"春发生"吃了葫芦头，就直奔老童家，但却已关门了。太太指指店前的玻璃橱窗说："也许转业了。"我看橱窗挂的竟是妇女的服装，并且堆着些凉席。只有怅然而去。

但当我们走回宿处时，在对街另一个街口老白家饺子馆旁的一个小门面，挂的竟是老童家的招牌。我兴冲冲地凑了过去。店里没有人，门前的案子上摆着几大块红通通的肉。当我站在那里慢慢端详，一位坐在街上纳凉的老妇缓缓走过来。"买吗？师傅。"她问。我点点头，问道："腊羊肉？""牛肉。"她答道，我切了半斤，用纸包妥，匆匆回到宿处，打开纸包一尝，肉很"柴"，颇为失望，真的是见面不如闻名了。

　　其实腊牛羊肉是西安的大众食品，大街小巷都有得卖。第二天一大早，我们穿过鼓楼，到北院门附近找卖甑糕的。发现城隍庙后面的一条街，两旁有许多卖腊牛肉的摊子。也有推车子卖的，红红的大块大块堆在车子上，还有腊的牛肚与牛肝。北院门与西大街一带是回民聚居的地方。西安的回民不少，虽然唐代的长安已有不少西域人，但回民大量移入西安却是在元代。他们的生活习惯自成体系，腊牛羊肉与甑糕都是回民食品。

　　甑糕是太太在西安上小学时吃的一味早点。她对吃一向不在意，平时跟着我到处吃，吃完就算了，很少记得吃些什么。唯独对她小时候吃的甑糕，这些年来一直念念不忘，也许甑糕真是好吃的东西。导演李行在西安住了很多年，如今他们兄弟还用陕西话交谈，有次我们见面，他所怀念的西安吃食，竟也是甑糕。

　　甑糕是一种中国古老的食品，由蒸制用的甑而得名。甑由来已久，谯周《古史考》说："黄帝始作釜甑。火食之道始成。"火食也就是熟食。人类由茹毛饮血到熟食，经历了很长的发展与演变的阶段，熟食始于对火的使用。最初是炙，也就是将食物直接在火上烧烤，然后透过水的媒介将食物煮或煨炖，最后则是利用水的蒸气将食物蒸炊，蒸是饮食技术高度的发展，而且也是中国饮食独特的烹饪技巧，是其他民族没有的。甑是最早的蒸食工具,在新石器时代已经使用。我参观西安近郊的半坡遗址时,在出土文物陈列室,就看见先民使用的陶甑。商周时代甑用青铜制造。战国时铁普遍应用,则有铁甑。铁甑长久使用,世代相传,流传至今。铁甑形似圆筒,底部有许多小孔。置于鬲或镂上蒸食。现在西安的甑糕,用的还是这种铁甑。

中国人的主食可分为粉食与粒食两类,粉食为面,粒食为米。粉食加工称饼,粒食加工则为糍,甑糕为糍的一种。《周礼·天官》有"羞笾之食,糗饵粉糍"。郑玄注,粉糍即糕也。甑糕即由粉糍演变来的。不过,粉糍不加枣,甑糕却以糯米与红枣蒸制而成。即枣米四六之比。一层米一层枣,如是者数层,经长时间蒸制而成。这种枣米合蒸成甑糕,或由唐代韦巨源《食单》中的"水晶龙凤糕"演变而来。案"水晶龙凤糕"的制法:"枣米蒸破见花乃起。"

第二天一大早,我们就离开宿处,沿着西大街转向鼓楼,到北院门去找卖甑糕的。古城似乎还没有醒来。只有几个年老的妇人清扫街树的落叶,她们一面扫着,一面向街面泼水,防止尘土飞扬。还有几家卖早点的店开了门,卖的是豆浆和油条。有些人挽着个小竹篮子,围着炸油条的锅,等待新起锅的油条。太太走向扫街的老妇,用陕西话问她哪里有甑糕卖。她停下工作,和善地说出鼓楼直走,再往西拐就到了。到了那巷子口,我突然眼一亮,怎么有这么多卖早点的,有丸子胡辣汤、煎凉粉、油糕、油酥饼、油茶泡麻花、水盆羊肉、牛舌头饼……我在大陆走过不少城市,从没有见过这么多种类的早点小吃。再往里走,十字街口人声喧哗,两旁都是卖腊牛羊的摊子,有老白家、老铁家、老马家,都是回民的姓氏。

十字街口就有个卖甑糕的。父子两人照顾一个摊子,父亲近七十岁,瘦小的个子,颔下有一把花白的胡子。他知道我们是外来的,却能说本地话,分外亲切。听说我们又是专来吃甑糕的,于是在盛妥甑糕的小碟子里,又添上一些枣子。我们站在甑边就当街吃起来。甑糕的味道的确不错,枣香扑鼻,绵软黏甜,真的非常好吃。往后在西安的这段日子,我们常到甑边来吃甑糕。有时还多买一斤,带回宿处吃。

我一面扒着甑糕,一面四下观望。对面肉摊子上红艳艳的腊牛肉,实在令人垂涎欲滴,于是过去买了个饦饦馍夹腊牛肉,往嘴里一咬,腊牛肉不腻不柴,酥烂不膻,油香满口,和"老童家"的腊牛肉不可同日而语。这才想起老童家现在改为国营了,什么东西公家一插手,就不堪闻问了。于是我又称了一斤带回宿处。后来我们临走时又到这里,买了腊牛肉、腊羊肉各三斤,二十个饦饦馍带回香港。

我一面咬着饦饦馍夹腊牛肉,一面对太太说:"这条巷子可爱,真可爱!这么多的吃食。"然后在一家油茶店里坐下来,来一碗油茶泡麻花,然后又喝了丸子胡辣汤。最后还买了个油酥饼,边走边吃。太太在后面说:"肚子,注意你的肚子，细水长流啊！""尝尝，只是尝尝，每样都尝尝。"我回头笑着说。这些都是著名的回民风味小吃，尤其是被誉为"西秦第一点"的千层油酥饼，色泽金黄，层次分明，脆而不碎、油而不腻，当年唐三藏都吃过的，我怎能不吃一口。

这个地方的确很可爱，而且卖的吃食早午晚各有不同。往后几天就常来这一带流连了。这一带地方不仅有回民的风味小吃，还有几家回民饭馆。其中有家饭馆，竟和我当年在台大的研究室同名，也叫"望月楼"。我们去的时候正是夕阳西下，热得像个蒸笼，还没有坐定就已汗流浃背了。如果在月满西楼时，榆影随徐风浮动，临窗开襟举杯或是雅事。

这些饭馆主要是卖羊肉泡馍，同时也有些炒菜。到西安不吃羊肉泡馍，那是白来了。牛羊肉泡馍不仅是西安特有的风味小吃，也是西北人民所嗜食的，俗称"羊肉糊饽饽"，更是我喜欢的。羊肉泡馍由来已久，苏轼有"陇馔有熊腊，秦烹惟羊羹"的诗句。羊羹是泡馍的汤。贾思勰的《齐民要术》有"胡羹"一味。其制法用羊六斤、又肉四斤、水四升，煮；出切之，葱头一斤，胡荽一两，安石榴汁数合，口调其味。这味胡羹或者由北魏毛修之的羊羹而来。毛修之善烹调，入魏后由崔浩推荐给太武帝，所进的就是羊羹一味，深得太武帝的欢心，后官至太官令，负责宫中的饮食。不过，羊羹在当时北方是非常流行的，史书常见。宋元以后，随着回民向西安移居，将羊羹和烙馍结合起来，逐渐形成今日西安的牛羊肉泡馍。

牛羊肉泡馍的主料是牛羊肉和汤，还有馍。泡馍煮肉的工夫特别讲究，一般先将一副牛羊骨头置于锅中，加入调味袋，大火煮两小时，撇去浮沫。再将肉块入锅，以旺火烧沸后，将肉板压实加盖。小火炖八小时。至汤浓肉烂，将肉捞出置于肉板上，依顾客选择的部位而切配。至于馍，则是饦饦馍。饦饦馍用九成面粉、一成发酵的面粉，混合揉匀后制成馍坯，入炉烘烤而成。用这种方法制作成的馍，不仅酥脆甘香，而且入汤不散。后来我在黄陵县吃早点，就看着一个体户的老者，当街揉制入炉烘烤，我顺便买了两个带在车上吃。

不过，现在吃泡馍只有"单做"，肉也没有选择，而吃的人也没有耐心掰馍，掰成大块大块的，这种掰法只可充饥，无法享受泡馍的情趣。有的泡馍店竟没有掰馍机，一个馍放进去吱的一声就碎了，我看之索然。我们吃泡馍总是慢慢掰，轻轻吃。站堂的女师傅笑着说："你们倒吃得在行。"于是到厨房端了碗高汤给我们。吃罢泡馍再喝口高汤，真是齿颊留芳。仅吃泡馍稍嫌单调，同时也叫两三样菜，如扒口条、芝麻里脊、悠悠肉，尚可一吃，悠悠是烤羊肉串用的香料，从新疆运来的。

虽然说羊肉泡馍，吃的却是牛肉。而腊牛羊肉也是牛肉为主，不知为什么不用羊肉，心中颇为纳闷。不过这个季节却有"水盆羊肉"可吃。水盆羊肉是西安夏季的小吃，多在农历六月上市,又称为"六月鲜",我来得正是时候,赶上了。慈禧太后在西安也吃过这种羊肉,因为味道鲜美,而赐名"美而美"。不过现在西安人还叫"水盆羊肉"。因为卖这种羊肉的盛汤器皿不是锅,而是用铝制的大水盆。卖水盆羊肉的店,多在门前设灶、明堂售卖,大块的羊肉架在水盆上,肥瘦任择。这些水盆羊肉店,多在路旁树荫下设座,而且只售早市。看着他们捧着大碗,一手拿着个饦饦馍,就碗而食,有些碗里放红红一层辣面子,吃得满头大汗。他们称为"怯暑",非常有趣。不过,这"水盆羊肉"的确"美而美",肥而不腻、烂而滑嫩,远胜过牛肉。临走的那个早晨,我又到"老吴家"吃了一碗,并多加三块钱的羊肉。

每天吃了晚饭,我们就不觉地逛到北院门,那里有许多旧货店,我们就在那里找些自己喜爱的东西。这时夜市已经开始,家家都在门前纳凉,他们轻轻话些家常,摇着扇子大声笑,孩子们在躺椅间嬉笑追逐着,他们的生活看来过得很满足、很自在。有时我会凑到烤羊肉串的摊子,吃几串烤羊肉串,或是吃个蜂蜜凉粽子。蜂蜜凉粽子是关中一带的夏令食品。既不包馅,也不夹果,全部用糯米制成,一只重约一市斤,吃时用丝线划成小片,放在碟子里,淋上蜂蜜即可。烤羊肉串与蜂蜜凉粽子,都是西安的回民风味小吃。

和北院门相比,南院门一带住的是汉民。这一带地方也是太太熟悉的,我默默跟在她后面,经过竹笆市去寻找她的旧居。竹笆市附近是个自由市场,有卖蔬菜瓜果西红柿的、杂粮衣物的，还有卖辣面子的。辣面子就是辣椒粉，西安人吃辣椒的本领真大，辣面子一箩筐摆在那里，买的人论斤秤，难怪这里有很多四川馆子。我突然发现有个卖梆梆肉的摊子，梆梆肉是由猪内脏熏制而成的。距今已有百多年的历史，最早出现在西安东关和城南柏树林一带。最初卖梆梆肉的，身背椭圆形木箱，手执木鱼状的木梆梆，边敲边喊，沿街叫卖而得名。我切了两块钱的熏大肠，用纸包起来塞进口袋里，走在太太后面，一块块地掏出来慢慢嚼，熏味很浓，肉嫩香醇，的确很好吃。我递了一块给她，她摇摇手继续往前走。

这一带地区现在没落了。但旧日繁华依稀可见，巷子很宽，浓浓的榆荫背后，是高高的院墙，院墙间是扇扇黑漆的大门，虽然有些大门已经漆皮剥落，顺着敞开的大门向里望，都是好几进院子。不过现在每院子都住了很多户人家。转过几个巷子，太太停下来对我说，这里原来是个做烧鸡的，天天要杀很多鸡，她常来拔鸡毛做毽子。再转个弯就是当年她家住的地方。她在门前端详了半天。回头对我说，好像是这里了，但门前的过道怎么这么小。我说，可能你当年个子小，觉得过道大。于是我们敲敲门，经过过道走进院内，竹帘掀起，屋内走出一位老者。太太向老者说当年她们家就住在这里，然后又说了些当时的情形。那老者似有所悟地说，后进院子已塞起来了，那边正在盖大楼。然后我们出得门来，再回首，夕阳的余晖正落在那粉墙上。对面是个小学，太太说那是她读的小学。我们走了过去，学校的老校工正在关铁栅门，我们说明来意，他打开一角门让我们进去。太太站在空旷的操场上，四下观望，仿佛在她记忆里寻找些什么，我走了过去，指指腕上的表，悄悄地说："先吃饭，明天再来，我们有的是时间。"

"哪里去吃？"太太从四十多年前的记忆里走回来，然后问道。我想到我们来的时候，经过"春发生"。我说："到'春发生'吃葫芦头。"葫芦头也是泡馍的一种，是西安著名的小吃，其由来已久，一说是由唐代孙思邈的药葫芦里的配料烹制而成。孙思邈是唐代名医，著有《千金要方》《千金翼方》，还有一本重要的食疗书《千金食治》，后被尊为药王，现在耀州的药王庙供奉的就是他。相传他当时在长安吃专卖猪肚、猪肠的"杂羔"时，发现肠子腥味很重，于是将自己葫芦头留下，嘱店主用葫芦里的香料烹制，即可除却腥味，故名。另一种说法是，葫芦头源于宋代市食中的"煎白肠"。当时长安有两家专售猪内脏的"杂羔摊"。其中何乐义经营的、以猪大肠为主的杂羔摊最驰名长安，因为猪大肠膘脂较厚，形状似葫芦，故名。二者相较，似后者可信。

在西安，葫芦头泡馍远不如牛羊肉泡馍普遍。"春发生"是专营此味的老店。"春发生"烹制的猪大肠的确没有异味。但制作的手续非常繁复。除清洗外，还经过焙烤，小火翻煮四小时后，再晾干水分，更与猪骨猪肉合煮三小时始成，至此，汤浓而白似牛乳，大肠香软可口。葫芦头泡馍，陕西称为渫馍。即将掰妥的馍块置于碗中,将滚开的料汤浇在馍块上,再用手勺扣住馍块,将碗里的汤沥入锅中,如此反复三五次,以馍浸透为度。当地人称此法为渫,与泡同音。我们吃了葫芦头三鲜泡馍,又要了两个菜,一是红烧大肠,一是酸甜酥皮,都和葫芦头有关。酸甜酥皮即以炸酥的肠衣糖醋而成,非常别致而且又很松脆。

南院门距我们的宿处比北院门还近,出门一转就转到那里,太太从每条街巷里,搜集她散落的童年,我四处观望找寻新的吃食。这一带也有很多小馆和吃食摊子。我在一个十字街口的榆荫下停脚,那里有个酿皮子的摊子,掌柜的正坐在个小板凳上,面前架着案板,案板上摊着张酿皮子,他手拿着如酿皮子直径大小而且很厚重的刀,颇似武侠小说里的九连环。在酿皮子上熟练迅速地移动着,一条条的酿皮子就出现了。酿皮子是现在夏天吃的凉面的一种。凉面源于唐代的"冷淘"。杜甫《槐叶冷淘》诗:"青青高槐叶,采掇付中厨。新面来近市,汁滓宛相俱。入鼎资过熟,加餐愁欲无。碧鲜俱照箸,香饭兼苞芦,经齿冷于雪,劝人投此珠。"这是杜甫自制的槐汁凉面。案《唐六典》:"太宫令夏供槐汁冷淘。"这是在夏天朝会时,由太宫令提供的槐汁冷淘。西安的酿皮子就是继承这个传统形成的。其制法是将面粉和成稠糊,摊匀于"酿笸"上,置开水锅上蒸约三四分钟即成。"酿笸"是一种光滑平底、四周有浅边的容器,多为金属薄板制成。冷却后切除,随个人口味加调料和而食之。

穰皮子是西安家庭夏日的主食。我看到几个家庭主妇与小姑娘拿着个大瓷碗或小锅，买了端回家吃。穰皮子我在台北吃过的，现在来到西安要尝尝地道的穰皮子到底怎样。我也来了一碗，一面和掌柜夫妇聊着天，一面扒食着。穰皮子虽然薄软，却非常筋韧、凉爽可口，很有嚼头，和台北的不同。太太不太习惯坐在当街小摊子吃东西，尤其是坐在这种矮凳子上。只是站在那里等我，并且和掌柜的太太"片闲传"。"片闲传"是陕西话的话家常。不过，她倒想吃碗饸饹，于是找了个比较干净的饸饹店，而且用的是卫生筷子。饸饹是关中一带城乡人民喜欢吃的。尤其是荞麦面饸饹。所谓"荞面饸饹黑是黑，筋韧爽口能待客"。荞麦面饸饹是荞麦面压制成的一种细长圆柱形的面食。由一种木造专用的饸饹床压制而成。

饸饹古称"河漏"。元王祯《农书》"荞麦"条称："北方山后诸郡多种，磨而为面或作汤饼，谓之河漏。"饸饹夏可凉食，冬可热吃。饸饹热吃，即用未拌过油的凉饸饹，浇上臊子与热骨汤即可。西安卖饸饹的小吃摊比比皆是，论其品质，则以教场门孟兆武制的饸饹，条细筋韧，挑不断条、吃不掉渣最著名，而称为"教场门饸饹"。

其实饸饹并不见得怎么好吃，而且现在的配料不齐，只有酸辣而已。但却是太太儿时常吃的东西。吃饸饹不过是怀旧罢了。是的，她从上小学到初中，都在这一带地方度过。虽然这里再没有她认识的人，但景物却依旧。当我们走到玫瑰教堂时,那是她最初上学的地方。玫瑰小学没有了,西安最古老的玫瑰教堂还在。那教堂像历经沧桑的老人,外墙被风雨吹打得遍体斑痕,堂外搭着架子说是准备修建,堂内正有一场弥撒,圣诗的歌声断续传出来,太太抬头望去,然后说十字架下面的那个钟怎么没有了!我知道她对那个钟有很多回忆的,那时她年纪还小不会看钟,每天中午妈妈要她看钟的两个针在什么地方,她回去就用手比画。

我又看看腕上的表,两个针刚好重叠在一起,该是吃午饭的时候了,下午还要去碑林。于是,我们从教堂走了出来。太阳正直射在长巷,长巷寂寂,两旁的街树默默,偶尔有断续的蝉咏,四周的景物似乎在燠热里静止住了。

又见西子

去年上黄山，来回两过杭州，正是中秋过后、重阳未至的金风送爽时节。车轮匆匆从西子湖畔驰过，空气中飘荡着秋天的幽香，那是桂子花开的芬芳。桂花是杭州的市花，现在正是怒放时。不过，在亚热带的地方住久了，除了些炎凉，很难再体会到季节的递换了。所以，今年清明前，又去杭州，想看看那里的早春二月是怎样来的。

虽然人们还没有除下寒衣，湖畔的杨柳已吐了鹅黄、苗壮的嫩芽，附在垂下的柳枝上，千万条柳丝伴着湖滨的人来人往，飘荡在寒风里。是的，春天来了，只是来得太喧哗，在这人声嘈杂的西湖边上，被挤得了无诗意。

春天已经来了，所谓"若到江南赶上春，千万和春住"。但我却没有那么高的雅趣。说实在的，我心里惦记的，还是奎元馆的那碗虾爆鳝面。奎元馆是杭州的老字号，已有一百三十多年的历史了。专营各色汤面，如片儿川、目鱼卷等面。尤其虾爆鳝面远近知名。其制作过程是这样的，先将虾仁氽水，鳝片炸至起小泡并有沙沙声时起锅，然后与配料爆炒，所谓"素油爆，荤油炒，麻油浇"，是虾爆鳝面的传统制法。爆鳝片时要猛火，有时锅中的火苗蹿起几尺高，这是奎元馆虾爆鳝面的特色。

所以，过去有朋友去杭州，我总建议他们到奎元馆吃碗虾爆鳝面，但回来问他们味道如何，却都说不出个所以然来。去年上黄山，杭州不在旅游点上，向导游小姐好说歹说，才答应我们在杭州市区停一个小时，下得车来，也没有对杭州市容多看一眼。跟在捧着地图的太太身后，直奔奎元馆而去。左拐右转等找到那里，已费了半个小时。奎元馆刚启市，原来奎元馆有午晚两市，午市是十一点到两点，晚市是下午五点到七点，过时不候。

我们在楼下大厅找了张桌子坐定，环顾四周，已有很多人静静坐在那里等候了。我向跑堂的女师傅要了碗虾爆鳝面，她向柜台指指，于是我先去买票，然后将票交给她，说我从大老远赶来，就为了吃碗虾爆鳝面。她说灶上的师傅刚在爆鳝，得等！她看我满脸风尘满脸汗，太太坐在对桌老看表，起了恻隐之心，答应第一碗端给我。等面端来热腾腾的放在面前，我拿起筷子扒了两口，还没有尝出什么味道，太太说时间到了，快走。于是放下筷子，跟在后面跟跄出门，心中甚是不乐。

跟旅行团就有这个麻烦，时间和空间都操纵在人家手里，只有追随着引导的旗子走，完全没有自我可言，也许这就是现代文明特色之一。所以，这次再去杭州，决定独来独往。所谓独来独往，就是事先买妥来回的机票，定好宿处，没有固定的行程表，只是闲散游荡。宿处选定了望湖宾馆。望湖宾馆在西湖旁边，临窗外望湖滨公园游人如织，杨柳依依，湖上游船穿梭往来。出得门来，步行十分钟就到闹区，酒楼饭馆集中在那里。

到旅馆放下行李，脸也没有洗一把，转头对太太说："走吧。""哪里去？"她问。"奎元馆。"我说。于是，我们就去了奎元馆。

奎元馆刚启市，客人还是都坐在那里静静等候着。我买了虾爆鳝和目鱼卷的面票，交给那位女师傅。那女师傅收了面票，又看了我一眼，似曾相识，她正是上次端面给我的那位。我又到卤菜柜上，买了一小盘盐水虾和酱鸭，取出腰里那一小瓶白兰地，慢慢酌饮起来，等待虾爆鳝的到来，状至悠闲，不似上次那么急迫。盐水虾小得可以，只有海米那么大，酱鸭虽是杭州名产，却失之偏咸。最后，虾爆鳝和目鱼卷面终于来了。目鱼就是墨鱼，刀工很细致，但却味腥，我滴了几滴白兰地，也难以继箸。倒是虾爆鳝还有几许风貌，面软硬适度，面汤鲜里透甜，鳝鱼酥软，只是虾仁太小。这也是没有办法的事，在竭泽而渔的情况下，虾是很难成形的，我数度江南之行，吃了不少次虾仁，都是这个样子。我扒了一口面，笑着对太太说："这碗虾爆鳝面，可值钱了，累我两度千里来奔。"

早春天气逛西湖，是享受不到暖风吹得游人醉的。但湖

197

上春雨潺潺，湖外青山隐隐，很容易使人想起"山外青山楼外楼"来。"楼外楼"在小孤山，离我们宿处不远，穿过白堤就是。"楼外楼"的西湖醋鱼和宋嫂鱼羹，早已闻名遐迩，脍炙人口。当年有个文士吃罢西湖醋鱼，一时兴起，在楼外楼壁上题诗一首："裙履联翩买醉来，绿杨影里上楼台。门前多少游湖艇，半自三潭印月回。何必归寻张翰鲈，鱼美风味说西湖。亏君如此调和手，识得当年宋嫂鱼？"西湖的醋鱼也出自宋嫂之手，但与烹调鱼羹的宋五嫂，却不是一家人。

宋五嫂的鱼羹是北味南烹。宋室南渡，在汴京经营饮食营生，以调治鱼羹著名的宋五嫂，也随着南来临安，选了苏堤热闹处，就地取材，用湖里鳟花鱼作羹出售。宋孝宗伴太上皇高宗游西湖，宣召宋五嫂登御舟调羹，有旧都风味，大为赞赏，赐赏颇丰，因而著名。至于另一个宋嫂的西湖醋鱼，或谓源于"叔嫂传珍"。相传宋氏兄弟，饱读诗书，隐居西湖打鱼为生。宋嫂颇有姿色，被恶棍赵某看中，加害其兄长。叔嫂各自逃散，临行，宋嫂将舟中打来的鲜鲩鱼，加糖与酒烹调成味。并告诫其弟毋忘甜中有辛酸。宋嫂的西湖醋鱼，由此而来。

宋嫂醋鱼的故事，不知出于何典。不过，宋五嫂精于烹调鱼羹，见于宋人袁褧《枫窗小牍》，宋高宗吃宋嫂鱼羹，则载于周密的《武林旧事》。南宋都临安，留下不少掌故之作，其中最著名的是吴自牧的《梦粱录》。《梦粱录》有市井营生之记，其中保留不少当时临安的饮食材料。现在杭州的八卦楼，专售仿宋菜，其中如酒香螺、两熟鱼、虾元子、抹肉签、炒鸡蕈、鱼辣羹等等，都取自《梦梁录》。

仿宋菜中有橙酿蟹一味，则出自林洪的《山家清供》。林洪是福建人，在临安住过一段时间。他的《山家清供》混合了两地菜肴编纂而成。林洪引水果入馔，是一个很新鲜的尝试。不过，林洪的橙酿蟹一味，制法虽然简单，但有季节性的，应在橙黄菊放，九月团脐十月尖之时。现在台北有家餐厅亦有此味出售，用的是梭子蟹，除了腥酸，了无危稹所谓"黄中通理，美在其中"的雅趣可言。反正今天台北的暴发户不少，俗吃即可，谁还管它雅不雅。

我们到楼外楼，已近满座了。在靠边的一隅坐定，点了西湖醋鱼和宋嫂鱼羹。点菜的女师傅又硬塞了只叫花子鸡。心想叫花子鸡以常熟王四酒家最著名，我们在苏州那家王四吃过，并不见奇。这里的叫花子鸡较苏州王四，又相去甚远。但西湖醋鱼和宋嫂鱼羹的确不错。醋鱼鱼眼明亮，芡薄泽润，且无土腥，伴姜丝食之，略有螃蟹味。鱼羹酸甜适度，鲜滑可口。在大陆不凭特权能吃到这种水准的菜肴，已经是上上了。昨晚在杭州饭店也点了宋嫂鱼羹，酸得难以继匙，其他如炸响铃绵而不脆，酱爆春笋，笋老似竹，酱鸭生硬，这几个菜都是典型的杭菜，而杭州饭店又是六七十年的老字号，怎么连起码的水准也没有，后来悟到现在的杭州饭店是国营的。于是就心平气和地就着茶，干扒了半碗饭。在街上买了几个茶叶蛋回宿处吃。

其实最初的西湖醋鱼，是来自河南的"瓦块鱼"："用活青鱼，以油灼之，加酱、醋烹之。"瓦块鱼和铁锅蛋是梁实秋先生家的"厚德福"看家菜。西湖醋鱼20年代改油灼为笼蒸，现在则入沸水汆之，然后加薄芡即可。芡汁酸甜。北京"厚德福"专治豫菜著名，难道西湖醋鱼也像宋嫂鱼羹，同样由旧京而来？饮食之道最易流传，吸收当地菜肴特色之后，变成另一种地方菜色的新品种。西湖醋鱼保存了北地烹鱼用醋的特色，又融入本地菜的甜，出现了新的口味，但这都是经过长时间的尝试与习惯的积累，不是一蹴即成的。

"知味观"的猫耳朵，就是从北方传过来的。知味观是杭州出名的点心店，有七十多年的历史了，最初由夫妇经营的小馄饨摊子发展而成。这种小馄饨摊子现在还存在，在华灯初上后摆在街角，一灯荧荧、热气腾腾，很有情趣。我凑着摊子坐在小竹凳上喝过一碗，但皮厚馅少，汤里全是味精，也许杭州的馄饨早就这样。知味观夫妇的馄饨不同，老板贴了张大红纸告白："欲知我味，观料便知"，这是"知味观"点心店的由来。

"知味观"现在除了卖点心，还出售其他的菜肴，离我宿处不远。但也是国营的。早市七点半到九时，去早来晚都不接待。我们去了两次都不合时，只好在旁边一家名为"凤凰楼"的回教馆吃羊肉烧卖，喝牛肉汤。这是一般人民的早点，羊肉烧卖膻，牛肉汤味寡。不过，凤凰楼可能是杭州少有的北方馆，出售手揉的馒头，我们中午路过，见到很多人排队等着馒头出锅，情况甚于台北的"不一样"。

不过，知味观的猫耳朵还是要试的。所以，那天中午我们又去了。楼下大厅已坐了不少人，都在等小笼包。我们扶梯上楼，楼上是雅座。现在知道了，要吃，就得上楼，楼上可以点菜。我点了龙井虾仁、东坡肉、烧鳝段、三鲜猴头、菜汤、一笼虾肉小笼包，当然还有两碗猫耳朵。其实猫耳朵是北方普通的吃食，将面擀成猫耳朵大小的片儿，在水中汆过，可汤、可拌、可炒，配料悉听尊便。知味观的猫耳朵则用汤，配料是火腿、笋丁、青豌豆、小虾仁，汤很清，但味平平，一如早上的通心粉，真是枉我几次奔波了。

这次来杭州，时间从容，希望闲逛着吃点道地的杭州菜和小吃，因为现在是早春，正是春笋上市的季节，吃了不少次的酱爆春笋，但春笋老硬，不知鲜嫩的被谁吃了。苏东坡从黄州归来后，再知杭州，把"慢着火，少着水，火候足时它自美"的东坡肉带到杭州。因此，杭州的东坡肉就闻名于世了。前些年杭菜来香港展览，我吃过东坡肉和龙井虾仁，并不理想。这次来杭州想吃到好些的，但从天香楼吃到个体户开的小馆，都令人失望。所以，从杭州回来，春笋也跟着到了香港。于是我自调了酱爆春笋，并炖了一锅东坡肉。不过，这次在杭州却吃到刚上市不久的鲹鱼。

鲹鱼身呈黑色，略带灰白色斑点，头大眼小，长三四寸左右。鲹鱼俗称土步鱼，多生于池塘内，春节前后最肥嫩，我来得正是时候，在自由市场看到很多妇人卖鲚鱼的。心想不知何处可以吃到鲚鱼。后来终于在居处附近的环城小馆吃到了。环城小馆近我们宿处。早晨沿湖漫步就到这里吃片儿川。所谓片儿川就是雪菜片肉面，是杭州人普通的早点。我们吃早点并无定所，往往在老正兴吃过汤包，又到对面排队买票，吃碗宁波汤团。不过，都是挤在人民中间吃的。因为我的衣着一如本地的老师傅，他们也常这样称呼我，吃起来方便得多。

环城小馆真的是人民食堂了。除了早点的片儿川和包子外，也卖午晚两餐，菜牌就用粉笔写在墙壁的黑板上。菜单上有红烧鲚鱼。晚上我们去了。负责的是三十来岁的青年，把我们让到里屋的雅座。我要了红烧鲚鱼、炒螺蛳、鱼香肉丝、爆鳝片、片儿川汤，还有四两饭。这些菜谈不上什么味道。我从来没吃过像这样又酸又甜却不辣的鱼香肉丝。不过，烧豆腐的鲚鱼倒很新鲜。虽然我好吃，欢喜吃的倒不是什么珍馐美味，吃的是情趣和气氛。这里菜的味道真不好吃，但情趣和气氛却是很浓的。来这里吃喝的倒都是真正的人民了。真正的人民是很容易满足的，一盘螺蛳一杯酒，在那里慢慢唆着，浅浅饮着，仿佛已拥有整个世界了，中国人民就是这样可爱。店里的青年领导，见我们是店里难得一见的外来人，端了菜后拖了张凳子坐下来，他说他受了三个月的厨师训练，就承包了这家馆子来经营。我们谈起江浙菜、杭州菜，他兴冲冲地抱了厚厚一本照片簿来，里面的彩色照

片，都是菜样子。我想他倒是个有心人。于是我向他说了几
本浙江菜谱，他说没有见过。其实，这些菜谱都是大陆出版
的，回来后我寄了本浙江小吃的书给他，我想他卖包子和片
儿川还凑合，炒菜还差很远的距离。

黄山顶上吃石鸡

重阳前，去了一次黄山，不是为了登高也不是探秋。因为太太画会的画友，组了一个团到黄山看山观云，并且写生，是桩雅事。但组团缺一个人，临时拉了我去，我想也好，他们这一伙虽不是专业画家，却都很清雅，不会像普通的旅行团那么俗。再者，这次上黄山要在徽州一停。徽州的徽菜，由于明清时期，新安商人遍天下，徽菜因而名闻遐迩。

少年时在徽州住过一年，吃过一次徽菜里的臭桂花鱼。其味甚美，事隔多年，仍萦念不忘。不妨趁这次机会，再重尝旧味。

而且从黄山回程，在深渡登船游千岛湖。深渡古渡口，是当年徽州商人，出新安过富春江到浙江启程上路的立地。类似馄饨的"深渡包袱"，是徽州商人登船前吃的小吃，如果这次有机会也吃一碗，那真是"历史之旅"了。也许这正是这次他们一拉，我就欣然而往的原因。

皖南多山少耕地，徽州人多出外经商营生，徽商称为

"新安大贾"，在东晋时期就很有名了。唐宋时期，商业重心南移，沿江深入山区腹地，徽州成了富商巨贾多来往的地区，当时徽州就创行了"令子"，是中国最早流通的纸币。朱熹的外祖父祝确就是著名的富商，经营的邸肆占了徽州城的一半。明清之后，更是新安商人遍天下，有"无徽不成镇"之说，徽菜随商人的经营外传，重油、重（酱）色、重火功的"三重"徽菜特色，成为中国八大菜系之一。

"重火功"是徽菜的特色之一，所谓"重火功"也就是小火慢炖，因而有"吃徽菜要等"之说，"金银蹄鸡"即是其著名的佳肴之一。由于小火久炖，其汤浓似奶，火腿红似胭脂，鸡色乳黄，蹄髈白似玉，我曾试制，但距标准甚远。有些菜可以易地烹饪，但有些当地的特产，却是其他地方不易寻的。

《徽州通志》载："宋高宗问徽味于学士汪士藻，士藻以梅圣俞诗答之：'沙地马蹄鳖，雪天牛尾狸。'"马蹄鳖是一种生长在山涧中的甲鱼，腹色青白，无泥腥味，当地民歌中有"水清见沙地，腹白无淤泥，肉厚背隆起，大小似马蹄"，指的就是这种鳖。至于"牛尾狸"则是果子狸，现在到处都可以吃到，已经不稀罕了。

但臭桂花鱼与毛豆腐一样，都是当地的特殊风味。桂鱼也就是"桃花流水鳜鱼肥"的鳜鱼。新安江盛产桂鱼，春季尤为肥美，而有桃花桂鱼之称。桂花鱼离水就死，不过，现在香港却可以吃到"游水"的桂花鱼，是坐飞机来的，鱼贩称为淡水老鼠斑。

臭桂鱼又称腌鲜桂鱼，将捕网的鲜桂鱼，以淡盐水腌制，有的放在肉卤中腌制则更美，鱼腌后烧，肉似臭实香、嫩而鲜美，有一种特殊的味道，世代相传已有两三百年的历史了。

早晨从杭州上车，说是赶到徽州吃午饭。车过昱关以后，进入安徽省界，景色一变。金黄的稻田间，点缀着白墙黑瓦的典型徽式建筑村落，路旁的白杨树叶已落尽，举着挺拔的手臂，直伸向湛蓝的天空。

但车上都是画画的爱好者，逢景必观，车过浙江昌化。昌化是鸡血石的产地，全车喊着要买昌化石，就在这小镇停下来，大街小巷找石头，我竟意外在车站旁一位刻印的老者处，买了两块尚可一看的石头。一路行行复停停，车到徽州已是下午三点，真是午饭已过，晚市未启炉。虽然旅行社已安排好吃的，但掌厨的已过时不候。

好不容易将他请来，他好不情愿地为我们做这餐饭。我溜到厨房里，厨房很大，锅灶也很大。掌厨的师傅拿着锅铲站在灶旁，正在炒青辣椒肉片（青椒的味道甚特别，使我想起当年步行由江西到皖南，在山里吃的那种，用来炒蛋更佳），我凑了过去，问师傅有没有臭桂鱼，他朝我一瞪眼说："没听过！"我没趣地出了厨房，走到餐厅外的阳台，在午后暖洋洋的阳光下，举目四望，有两座石桥通向山边，桥下的水静静地流着，依稀记得我曾在那桥下戏过水。我想那河里是该有桂花鱼的。

到黄山脚下，投宿在云谷山庄，已暮色苍茫了。第二天一早乘缆车上山，在北海的贡阳宾馆住两天。北海是黄山胜景集中的地方。到了这里才领略到黄山的奇和峻，我笑着说中国山水画，画的不是假的，山石松树这里都有。而且山间翠绿中一丛红一丛黄，真的是个秋天了。只是"内游"太多，胸前却挂着"疗养"的牌子，心想既然"疗养"，哪有这么大力气爬黄山。后来才知道"疗养"就是休假。满山都是"疗养人"，再好的美景也被挤掉了。黄山的景奇美，只是人太多，而且伙食更奇坏。

我们住的贡阳宾馆，算来也是领导级住的地方了。一日供应三餐。早餐有稀饭与似若蛋糕一小块，倒也罢了。午晚两餐吃的是米饭。餐餐菜色相同，计韭菜炒蛋、白菜帮炒肉，炒青菜炒的是白菜叶，端的是一菜两吃了。还有萝卜烧肉，另外是辣油笋丁，用的是现成罐头加热，笋老似竹根。汤是盐水飘蛋花。而且碟子很小，一桌八人，每人一筷子就没有了，菜无残汤无法泡饭。但我却是每餐三碗，有次刚捧着饭碗，太太一转头，我就把一碗白饭硬吞下肚了。待她回过头来奇怪我怎么吃得那么快，我说没经牙齿和舌头，干咽！我的胃算好的，但饭很硬，晚上无事，靠在床上看安徽电视台播放台北的《昨夜星辰》时，肚子翻腾得很难受。但在这荒山野店里，不吃饭又怎么办！

我实在顶不住了，就下厨房。厨子师傅正在把炒好的蛋分到碟子里，我真佩服他的耐心和毅力，每天两次都炒同样的菜，竟也不烦厌。我笑着说："师傅，可以添点什么菜吗？"他说："没有菜，只有甲鱼，火腿扣甲鱼，一份一百五十元。"

一只甲鱼竟一百五十块人民币！也不知道甲鱼有多大，再想想山上几个月没下雨，连洗脸水都要自己去提，定量分配。涧溪干涸，哪里还有新鲜的甲鱼。如果花这么多钱，而吃到上次在南京夫子庙的腌甲鱼，那才算冤呢。我笑了笑，只好回到桌上再干吞白饭。

第三天早晨，终于离开贡阳山庄。晚上投宿玉屏山庄，玉屏山庄在玉屏峰下，从这里再往上爬就是天都峰，那是黄山最高的地方。著名的"迎客松"就长在山庄旁的岩壁上，但远不如画中像中好看，真不知花了大半天的时间，费了这么大劲，爬到这里干什么？但不论怎么说，吃的要比北海好多了。

最后上了一盘炒得黑黑的菜，我下箸一尝，精神大振，喊道："石鸡，这是石鸡！"在徽州各县深山峡谷之中，栖息着如牛蛙大小的蛙类，俗称石鸡。这种石鸡散居在溪流或深潭中，喜爱高山清凉的环境，每当盛夏，常避暑于溪畔的岩石下面，色黑褐者最佳。有的因岩石颜色不同，而呈褐黄、褐红色。石鸡壮硕，大的一只有半斤来重，后肢特别发达。石鸡腿是石鸡的精华，石鸡不论清蒸、红烧或爆炒皆佳，石鸡须带皮烹调，风味更美。

"石鸡吗？"我转头问站在旁边的女师傅，她点点头。"还有吗？"我又问。她说不知道，要到厨房看看。我随即跟着走到厨房，看见案上有半脸盆切剁妥的石鸡，不仅新鲜，而且都是褐黑色。也没有问价钱，连忙请掌厨的师傅再来两盘。

石鸡的确鲜美，虽名曰鸡，绝胜于鸡。惜山中无酒，若配以徽州的甜米酒，移席松下，把盏静观脚下云生，那该是陶渊明的境界了。

饭罢，步出山庄，山风冷冽，群山云雾萦绕，真是山在虚无缥缈间了，山和松都好看起来。心想这次黄山没有白来。

三醉岳阳楼

昨日扶醉登岳阳楼，已是黄昏，四顾茫茫，不知是醉眼相看，还是真的暮色苍茫了。今天一早重来，凭栏远眺，湖上一层淡淡的薄雾渐渐消散，湖面出现粼粼的波光，那波光在晨曦里，渐渐由淡红转变成金黄，金黄的波光背后，隐隐出现了刘禹锡诗中"白银盘里一青螺"的君山，湖上有几只拖船缓缓驶着，只惜不见白色的帆影。四周寂寂，楼下的岸边，有起航的马达声断续传来。在马达哽咽声里，曾在这楼旁浅酌低吟的李白、杜甫、白居易，真的已离我们远去了，远去了！

一阵凉风袭来，吹散我昨夜的宿酒，突然想起楼下大厅中书写的《岳阳楼记》，范仲淹没有来过岳阳，却写下"洞庭天下水，岳阳天下楼"的千古绝唱。但我却想不透范仲淹为什么在文后，要加上那句"先天下之忧而忧，后天下之乐而乐"。中国知识分子也太苦了，在游览山水之际，也不能悠闲。远不如岳阳楼旁三醉亭里供奉的吕洞宾。吕洞宾曾来过岳阳楼，留下了一句"三醉岳阳人不识，朗吟飞过洞庭湖",就飘然而去。

不知吕洞宾为什么来岳阳,也不知他为什么在岳阳楼大醉三次,然后朗吟飞去。但我这次来岳阳却是非常突然的。一天早起,太太突然说:"我们到岳阳看看吧。""到岳阳?"我问。然后转头一想,她家在岳阳附近的云溪,岳阳有她的家人亲戚。于是我说:"也好。"就这样我们进城买票,第三天经广州到岳阳。

从广州到岳阳,要坐十七八个小时的火车。因事起突然,这一程我们坐的是硬卧。从广州上车,夹杂在拥挤喧嚣的人群里。穿过地道涌上月台,突然使我想起儿时逃难的仓皇景象。好不容易挤上自己的车厢,找到自己的铺位安定下来。四周打量,许多好奇疑惑的目光正注视着我们。我有多次到大陆行走的经验,也接触了不少真正的人民。每次总是太匆匆,总觉得和他们那么接近,却又隔得那么遥远,对他们是那么熟悉,却又是那么陌生。这次我们都有较长的时间相对,于是我对他们笑笑,寒暄几句,然后互相交换了香烟,一面挥着汗坐在铺位上攀谈起来。在大陆行走,往往一支香烟,就会把彼此的距离拉近了。所谓拉近了包括许多不同的内涵。

车到韶关,是吃晚饭的时间。餐车只供客饭,菜两味任择,一是红烧武昌鱼,一是红烧猪脚。下箸一尝味浓而辛,知道车即入湖南境,我现在吃的是道地的湖南菜了。湖南菜就是湘菜。虽然湘菜溯源可以上至屈原的楚辞、马王堆的竹简，实际上现在的湘菜是湘江流域、洞庭湖区与湘西三种地方风味组合而成，虽然因地域用料不同，形成不同的风味，但油重色浓，咸香酸辣兼备，却是其共同的特色。这种特色也是中国西南菜系的特色，严格说湘菜不能独树一帜，但这些年却因缘际会在台湾与海外盛行起来。

湘菜在海外盛行和台湾的湘菜有关。湘菜在台湾流行，据说是由于谭厨彭长贵。湘菜的谭厨与北京谭青篆的谭家菜不同。所谓湘菜的谭厨，是谭延闿的家厨。谭延闿，字组庵，湖南茶陵人。晚清翰林。辛亥革命参加国民党，曾任湖南督军兼省长。后官至国民政府主席、行政院长，湘人皆以谭院长称之。逝世后南京国民政府为他举行了国葬，并发行了一套谭院长国葬纪念邮票，至今亦受集邮人喜爱。葬于南京中山陵旁。

组庵先生精于食道，曹敬臣是其家厨，也就是后来所谓的谭厨。曹敬臣和萧荣华、柳三和、宋善斋、华河清等，都是近代三湘名厨。曹敬臣追随组庵先生多年，深知他的饮食习惯与口味。当年南京流行说：若要宴请谭院长，需要先邀曹厨师。所以，曹敬臣的厨艺，再加上组庵先生亲自指点，就成了湘菜中著名的"组庵菜"。前几年发现了组庵菜食单，写在当时长沙合生祥南货土产号用笺的十行纸上，记录了组庵菜的用料与制法二百余种。后来又发现组庵先生宴客的"乳猪鱼翅席"食单一份，计有：

四冷碟：云威火腿、油酥杏仁、软酥鲫鱼、口蘑素丝。四热碟：糖心鲍脯、番茄虾仁、金钱鸡饼、鸡油冬菇。八大菜：组庵鱼翅、羹汤鹿筋、麻仁鸽蛋、鸭淋粉松、清蒸鲫鱼、组庵豆腐、冰糖山药、鸡片芥蓝汤。席面菜：叉烧乳猪（双麻饼、荷叶夹随上）。四随菜：辣椒金钩肉丁、烧菜心、醋熘红菜薹、虾仁蒸蛋。席中上点心一道：鸳鸯酥盒。席尾上水果四色。

席中的组庵鱼翅与豆腐，又是组庵菜的名肴。组庵先生中年以后牙齿不佳。所以组庵菜多以文火煨�而成。煨�也是湘菜的特色，煨是可以突出主料的原汁原味，质软汤浓，鲜香醇美，组庵鱼翅的柔滑烂透正表现了这种特色。至于组庵豆腐，则是将水豆腐和烂成泥，过箩筛滤，然后和以鸡茸打匀，上笼蒸至蜂窝状，切成骨牌状，再入鸡汤文火慢煨。这些菜都是配合他的牙口而制的。

组庵先生过世后，曹敬臣由南京回到长沙，在坡子横街开设了健乐园，专以组庵菜为号召。或谓光绪三十年在长沙青石桥开设的玉楼春，于民国十年转由组庵先生另一家厨谭奚庭主理，更名玉楼东。其鸭掌汤泡肚最著名，时有诗人著诗称："麻辣仔鸡汤泡肚，令人常忆玉楼东。"长沙是湘菜荟萃之地，民国后长沙的名厨多少都受组庵菜的感染。后来台北有以玉楼东、健乐园为名的湘菜馆，由健乐园出身的小魏，后来经营川菜，即小魏川菜，尚能烹调鱼翅。不过湘菜在台北流行，与以谭厨为号召的彭长贵有关。彭长贵前营华湘，现自立彭园。不过如今的彭园已去湘菜甚远，与莲园同有汇合粤菜的趋向。湘菜在台北除健乐园、玉楼东外，前后有天长楼、曲园、金玉满堂、桃园小馆。至今尚能维持湘菜传统风味的，只有天然台的鱿鱼肉丝与腊味合。还有岳云楼的羊肉火锅与东安鸡。

湘菜能闯出江湖，的确受组庵先生之赐，不过组庵菜尽是山珍海味，皆显宦巨贾之食，不是一般小民百姓可以问津的。但我现时箸下的红烧髈花和红烧武昌鱼，都是道地的乡曲里味，一般普通人的家常菜。红烧髈花有皮无骨，色浓微辣且韧，甚堪咀嚼。不知是否是长沙火宫殿的制法。火宫殿是长沙小吃集中之地，由来已久。前后著名的小吃有姜二爹的臭豆腐、姜氏女的姊妹圆子、张贵先的馓子、李子泉的神仙钵饭、胡贵英的猪血、邓春香的蹄花、罗三的牛肉米粉。尤其"黑如墨、香如醇、嫩如酥、软如绒"的臭豆腐，更是小吃中的一绝。当年毛泽东、胡耀邦衣锦还乡，虽然没有高唱大风歌，却来到火宫殿吃臭豆腐。毛泽东还吃了姊妹圆子，喝了罐子鸡汤。

虽然风流人物已往，但武昌鱼经毛泽东品题，却名满天下。1956年，毛泽东乘"永康轮"从长沙到武昌，又在长江里洗了个澡，写下了一首《游泳》："才饮长沙水，又食武昌鱼。"所谓"武昌鱼"，其实是随船厨师杨纯卿为他烹调的一味"清蒸樊口鱼"。鄂城樊口位处湖江交汇处，《湖北通

唐吟方 绘

唐吟方 绘

志》卷二十四《地舆志》"物产"条下称："鱼产樊口者甲天下。"樊口鱼又称圆头鲂，即所谓的武昌鱼。案武昌鱼，《三国志》卷六十一《陆凯传》载凯上孙皓疏谓："武昌土地，实危险而塉确，非王都安国养民之处，船泊则沉漂，陵居则峻危。且童谣言：宁饮建业水，不食武昌鱼。"

武昌鱼最初见于此。后来常常出现在古人的诗中，南朝望乡诗人庾信，在他的《奉和永丰殿下言志》诗就说："还思建业水，终忆武昌鱼。"唐代边塞诗人岑参《送费子归武昌》诗，有"秋来倍忆武昌鱼，梦魂只在巴陵道"之句。宋朝的范成大途经鄂州，竟为樊口圆头鲂的美味而流连忘返。其《鄂州南楼》诗谓："却笑鲈乡垂钓手，武昌鱼好便淹流。"武昌自古就被诗人墨客咏赞，不知毛泽东是将《陆凯传》的童谣颠倒过来，还是拾庾信的牙慧，而写成他《游泳》诗中的"才饮长沙水，又食武昌鱼"。

武昌鱼之名由来已久，并非毛泽东所创，但经他一题，却忙坏了不少人。有的为《游泳》诗作注，有的费了不少笔墨考证武昌鱼，中外人士游武昌，必一啖武昌鱼为快。1965年，武昌领导单位更邀请杨纯卿等十多位名厨，在旧大中华大酒楼的武昌酒楼，示范烹调武昌鱼的技艺，做出不同品味的武昌鱼，如花浪武昌鱼、杨梅武昌鱼等，其实毛泽东在永康轮上，除了吃清蒸鱼，还吃了杨纯卿烹制的干烧鲫鱼、瓦块鲭鱼，只是被称为武昌鱼的鱼，可以入诗。虽未跃龙门，却已身价百倍。

李商隐《洞庭鱼》诗："洞庭鱼可拾，不假更专罾。闹若雨前蚁，多似秋后蝇"，洞庭鱼鲜，俯拾即是，岂仅限于鱼。而鱼虽嫩美却多骨，其制法不外清蒸红烧两种，不如桂花鱼制法多变化，惜我这次去岳阳不是季节，没有吃到好的桂花鱼，不过却餐餐吃到肥美的武昌鱼。在硬卧铺上躺躺坐坐地翻腾了一夜，到岳阳正是黎明时分。下得车来天空飘着微雨。太太的堂弟妹们与表弟等十多个人来接，他们的名字经常在太太口里提起，一经介绍，很快就熟悉了。他们先开车送我们到宿处休息，然后再接我们回家吃饭。

中午在家席开三桌，有个堂妹夫是岳阳饭店的主厨，菜是他做的，十多二十样堆满一桌，丰盛极了。第二天回到云溪在堂妹表弟家吃饭，也是满满一桌。常说湖南人好客，碗碟都大一号，筷子也特别长。台北湘菜馆的筷子，就比其他餐馆来得长些。幼时曾在湖南住过，没有什么印象。这次真的领教湖南人待客的盛情了。菜肴有甲鱼、田鸡、鳝鱼、金龟、鳊鱼、鲶鱼、刺圆子、肉圆子、豆腐圆子、走油豆豉扣肉，还有我喜欢吃的腊蹄髈，丰盛极了。

湘菜在台北流行，却没有湖南腊肉更为人普遍接受。冬天或过年时节，街上到处卖湖南腊肉，有腊猪头、腊鱼、腊鸡、腊牛肉等等，偶尔也可以买到腊蹄髈。这种腌妥再用松枝或锯末熏成的腊味，本身就有浓厚的乡土味。和以豆豉或辣子，略加甜酒酿汁蒸之，味甚醇美，湘菜中的"腊味和"即此制法。腊蹄髈则需文火慢炖至肉烂绵时食之。食时以筷子挑腊蹄髈一角，皮即离肥膘而起，俗称卷被窝角。工夫好的整张腊蹄髈皮都可以卷起来，皮韧而滑，不腴不腻，其味妙不可言。如我年前回台北，遇天好而时间宽裕，就会在南门市场买几只蹄髈，托腊肉铺代为熏制，带回香港过年。现在冰箱尚有存货。如今吃到真正湖南的腊蹄髈，其味绝胜于台北的。临行又带回一只特大号的。

这次吃的都是真正的湖南家乡菜，除了香味外，像其他的湘菜一样，色重味浓。湘菜多红煨，通常采用湘潭的龙牌酱油为调料，经过长时间的煨炖，软糯汁浓，色泽红亮。洞庭湖区虽是湘菜的一支，由于地缘的关系，以烹制河鲜与家禽见长。多用炖、烧、腊调治，其特点是芡大油厚、咸辣香软。冬天炖菜常连锅带火上桌，俗称钵子。如龟、兔、狗、羊肉皆可入钵，边吃边下料，滚煮鲜辣，人人嗜食。所以，当地有句俗话："不愿进朝当驸马，只要蒸钵子咕咕嘎。"冬天吃钵子实在是一种享受。我们在冬天常炖白菜钵子，一层白菜、一层肉、一层豆腐。肉切大块铺于白菜之间，如是者数层，煨炖至白菜酥烂，豆腐成蜂窝状，连锅上桌，逐层掀而食之，肉嫩软点剁辣椒食之，其味鲜更美，这是洞庭湖区普通的菜肴。

当然，洞庭湖区的岳阳菜，还是以烹制河鲜最著名，《岳州府志》载："湖湘间宾客燕集供鱼清羹。"河鲜入馔由来已久。所谓"无鱼不成席"，也是洞庭湖旁岳阳菜的特色。临行前一天，游君山、妃子祠、柳毅井，都有了现代的加工，已颇粗俗。倒是我在"洞庭山庄"还席的"全鱼宴"，别有一番风味。计有：

凉菜四单碟。热菜：大烩鱼什锦、什锦酥卵、清炖水鱼、怪味瓦块、鱼丸、翠竹粉蒸鲑鱼、君山银鱼鸡丝、扒铁鱼条、干煸鳝背、清豆蛋花。

其中翠竹粉蒸鲑鱼与君山银鱼鸡丝，颇具地方特色。君山产竹，除湘妃斑竹外，还出产其他的竹子，将新鲜的竹子挖空，以米粉蒸鱼，鱼即黄鲟，尤以岳阳一带的洞庭湖产得最多，小者百余斤、重者一二千斤，俗称肥坨鱼。肥坨鱼的鳔可制为肥鱼肚。惜没有肥坨，而以鲶鱼代之，新鲜竹子的清香，渗入粉蒸鱼中，味甚鲜美脱俗。至于君山银鱼鸡丝，君山即君山银针茶，《巴陵县志》称："君山贡茶自清始，每岁贡十八斤，谷雨前知县遣山僧采制，白毛茸然，俗称白毛尖。"巴陵即岳阳旧治，白毛尖即银针茶，这种银针茶冲泡后，茶芽叶柄朝下，毫尖直挺竖立，悬浮于杯中，最后立于杯底。以银针茶的叶和汁，炒银鱼鸡丝色味清幽鲜美，银鱼也是洞庭特产，味美色亮，可汤可菜，我带回一包银鱼，端午节以银鱼煨火膧，绝佳。君山银鱼鸡丝是道很雅的菜，色香味都甚于杭州的龙井虾仁。

过去我到大陆行走，到处寻找吃食，固然由于自己好吃，另一方面，如果吃也是一种文化，我也想从吃里体验在社会翻天覆地转变后，饮食文化和传统之间的差距，后来我发现不仅有差距，而且过去与现在似乎出现了无法衔接的断层。这个断层同时也存在于思想与意识形态方面，这几年所产生的问题，都是由于这个断层而起。但是这次匆匆去岳阳，我真正接触到社会的基层与人民，却意外地发现中国社会的基层变化并不大，不论在饮食和家族的伦理方面，比我们现在生活的社会更接近传统，这的确是我过去没有发现与想到的问题。当我从岳阳乘车回来时，车过长沙，天渐渐黑了下来。火车迅速地驶过三湘大地，我倚窗外望，窗外的山丘田野村舍都没入黑暗里，偶尔有村舍的灯光闪过，我突然想到这就是中国，这就是中国人民沉默生活的中国。虽然遍历风雨，他们仍然在这块土地上一代又一代地生活着。

"霸王别姬"与《金瓶梅》

前年暑天，伴大哥还乡。回来曾写了一篇《大风起兮》，略记此行。不过，我在《大风起兮》里，只记还乡情怀，没有写还乡后的"张饮"。

虽然故乡亲人不多，合起来还不够一桌，但还是要欢聚的。我须鬓离乡，对故园的景物与人事，记忆早已模糊，但对幼年吃过乡曲里味，却历数十年不忘。我常想如果我读书有吃的本领，今日成就必定不错。所以，行前就与大哥约定，回家后他和乡亲叙旧，我料理吃的。

我选定了宿处对面的凤仙酒家，作为"张饮"的所在。据说凤仙酒家是丰县最好的饭馆了。但没有门面，也就是没有门市，只包筵席。从残破的土门走进去，里面是两层楼的四合院。楼下是经理室、调配室、储物室等办事单位，厨房在一侧，面积不小。当然这馆子是公营的。楼上有几间隔的房间，竟有空调，可以宴客。房子可能是这几年仓促建成，房子建妥才发现两楼之间无楼梯相通，临时在院中搭建笨拙的水泥楼梯。

　　我楼上楼下穿梭往来，和经理与厨房的师傅谈谈菜式，最后订下一桌八冷盘、六热炒、六大件的海参席，在这里算是上等的了。不过，我嘱咐热炒里得有过油肉，海参杂拌里得添白丸子。过油肉出自山西，是北方菜馆非常普通的菜。幼时在家乡，四外祖母端过一碗民生馆的过油肉给我吃，肉片嫩软微有醋香。这些年在台湾山西餐厅、会宾楼，以前的糁锅和沙苍的天兴居，都有过油肉，但总不是那个味道。我自己也常调治此味，不是蛋和面粉调得不匀，就是醋下的不对时候，当然重要的关键还是油温度的拿捏，总烹调不出够味的过油肉。那次去西安，然后更上陕北到延安，一路上都吃这道菜，却都不佳。当然凤仙酒家的过油肉，已不复当年民生馆的口味了。倒是去年在北京的泰丰楼，竟吃到尚可的过油肉。

　　至于白丸子就是鸡肉丸子，当年母亲在世身体还健康时，有时打点白丸子给我们吃。那是以鸡胸肉切丁斩剁成茸，然后加蛋白粉芡搅打而成，其制法一如江浙的斩鱼丸，但比斩鱼丸好吃。母亲逢年过节常做些家乡里味如绿豆丸子、藕夹、熬萝卜菜、蛋拌蒜等等。最使我怀念的还是喝粥就炒豆腐渣。粥是豆汁掺米糊熬成稠如粥状的食品。是我们家乡和鲁南豫西的早点。早晨起来在粥缸子旁一蹲，来一碗粥和一串水煎包子，真是一大享受。母亲过世后，这些家乡里味，在我们家已成绝响，所以，回家第二天清早，我就赶去喝粥吃水煎包，又吃了个刚出炉的烧饼和一个炸糖糕。

　　我在楼上楼下往来张罗时候，发现楼梯旁饲养鳝鱼的大水缸里，浮游着一只鳖。这只鳖大概有三四斤，我在大陆各地行走，还没有见过这么大的鳖，而且是活的。于是指着缸里的鳖对经理说："能来个'霸王别姬'吗？"那经理一听"霸王别姬"，满脸堆笑连连点头道："行，行！"他说行就是可以。当然可以，这道"霸王别姬"外加八十，那桌菜才一百五十块。

　　八冷盘上来了。绿紫嫣红列在桌上煞是好看。其中有油炸树猴和五香狗肚。褐色的油炸树猴堆得满满一盘。树猴，是未出壳的蝉。其状似猴，我们家乡称蝉为知了猴。我儿时常到树荫下的地下，挖这种没有蜕变的知了，穿成串回家央母亲炸给我吃。有时也会挖出小蛇来。在北方，昆虫入馔，通常是油炸或火燎，最普遍的是蝗虫。尤其荒年蝗虫吃尽了庄稼，庄稼人再燎蝗虫吃，可称是自然的循环。蜈蚣炖鸡是美味，油炸蝎子更成了济南筵席上的佳肴。油炸树猴已几十年没吃了，外酥内嫩，香油满口，此间啤酒屋的炸蟋蟀，岂可望其项背。

　　另一盘五香狗肚，是粉红色的狗肚包裹着金黄色的肉蛋馅，切片排列。我扭头向在旁照顾的经理问："有狗肉吗？"他说店里没有。我突然想起刚刚进店时，店门口有两个卖狗肉的摊子。于是下楼向厨房借个盆子，到门口摊子上秤了一斤回来。我们家乡的狗肉，不仅制法特别，而且渊源悠久，相传出自汉代的樊哙。《史记·樊郦滕灌列传》："樊哙者，沛人也。以屠狗为事。"可谓由来已久。颜色鲜亮，清香扑鼻，食之韧而不挺，烂而不腻，是为彭城狗肉，或沛公狗肉。徐属地区，以此为营生的很多。说实话，这次我陪大哥还乡，想吃的就是这种狗肉。所以，后来在徐州等车回上海，我又买了一斤，蹲在路旁杂在候车的人潮里，吃了。又买了把子肉、烧羊肉吃，这些都是徐州市井的小吃。

最后终于"霸王别姬"上桌了。此菜的确壮观，一鳖、一鸡，原只相对并卧在大海盘中，颇有当年项羽力拔山兮的架势。虽然仅此一味，就花了半桌酒席的价钱，但也物有所值了。"霸王别姬"原名"龙凤烩"，是古城龙凤宴中主要的大件之一。将不去壳的鳖称霸王，有霸王御甲的寓意。"姬"鸡谐音，因而援项羽与虞姬的典故取名，成为徐州的名馔。

徐州是古彭城，"霸王别姬"这段历史的悲剧就在这里上演的。案《史记·项羽本纪》："项王军壁垓下，兵少食尽。汉军及诸侯兵围之数重。夜闻汉军四面皆楚歌，项王乃大惊曰：'汉皆已得楚乎！是何楚人之多也。'项王则夜起饮帐中，有美人名虞，常幸从。骏马名骓，常骑之。于是，项王乃悲歌慷慨，自为诗曰：'力拔山兮气盖世，时不利兮骓不逝。骓不逝兮可奈何？虞兮虞兮奈若何！'歌数阕，美人和之，项王泣数行下。左右皆泣，莫能仰视。"

项羽兵困垓下，在四面楚歌声中，慷慨悲歌，然后泣数行下。刘邦荣耀归故里，召故人父老弟子纵酒欢会，击筑高歌，慷慨伤怀，也"泣数行下"。司马迁以同样的"泣数行下"，描叙两种截然不同的历史场景。也许在司马迁的心目中，成功的寂寞和失败的悲凉，最后同样令人流泪。所以，历史不能以成败或功过一概而论。因此，历史里没有绝对的善恶和是非，只有相对的是或不是。在司马迁看来，真的是是非非功过转头空了。不过，这个问题属于史学思想的研究范畴，姑且不论，但司马迁所描绘的两个"泣数行下"，却为后世彭城留下两味佳馔，一是"沛公狗肉"，一是"霸王别姬"。

鳖与鸡同烩，非彭城独有。以鸡入馔，由来已久。《礼记·内则》有"濡鸡，醢酱实蓼"的记载。濡，是周代的一种烹调方法。郑玄注："凡濡，亨（烹）之以汁和也。"孔颖达"疏"也说："濡，谓亨煮以其调和。"濡是一种保持对象的原汁原味，以水为媒介的烹调方法。至于"醢酱实蓼"，孔疏："言烹濡此鸡，加之以醢及酱，又实之以蓼。"也就是鸡只烹煮之前，先破开其腹，填入蓼实，以醢及酱调味，这是文献所载最早的鸡只烹调方法。鸡是家禽，取材方便。南北朝的《齐民要术》有腤鸡法，或称焦鸡，即煨而成，唐宋以后，鸡只入馔，烹调方法繁多，所以清袁枚《随园食单》就说："鸡功最巨，诸菜赖之。"

至于中国人吃鳖，也见于《礼记·内则》："濡鳖，醢酱实蓼。"其制法与濡鸡同。当然，中国人吃鳖的历史可能更早，不然殷商将文字刻在龟板上，那些龟肉又给谁吃了？濡鳖之法流传战国以至西汉。《楚辞·招魂》中有："臑鳖炮羔，有柘浆些。”臑即濡，不过食时却蘸以蔗糖汁。汉《盐铁论》载：“今民酒食，臑脍鲶。”濡鳖原是周天子宫廷宴饮的御食，现在已普遍到民间。晋时江南有菹龟之法。周处《阳羡风土记》谓：“江南五月五日煮肥龟，入盐、豉、蒜、蓼食之，名曰菹龟，取阴内阳外也。”五月五日即端阳。

清李笠翁《闲情偶寄》有：“新粟米炊鱼子饭，嫩芦煮裙汤”，并谓：“林居之人述此以鸣得意，其味之鲜美可知矣。”不过李笠翁个人是不食此味的。鳖又称甲鱼、脚鱼、团鱼，袁枚《随园食单》水族无鳞单中关于甲鱼调治方法有生炒甲鱼、酱炒甲鱼、带骨甲鱼、青盐甲鱼、汤煨甲鱼、全壳甲鱼等，并且说：“甲鱼宜小不宜大，俗称‘童子脚鱼’才嫩。”此句亦见于童岳荐的《调鼎集》。《随园食单》许多菜肴制作与《调鼎集》相同，因此怀疑《随园食单》录自《调鼎集》。童岳荐是扬州的徽商，经营盐业致富。《调鼎集》是他府上家厨烹调菜肴的汇编，原系手抄本，藏北京图书馆，前几年才印行问世。《调鼎集》烹调甲鱼之法就有十五种之多。“鸡同烩”也在其中，即“鸡炖甲鱼”：

大甲鱼一个，取嫩肥鸡一只，各如法宰洗，用大瓮盆铺大葱一层，大料、花椒、姜，将鱼、鸡放下，熏以葱，用甜酒、腌酱，隔火两炷香，熟烂香美。

此法也见于李化楠的《醒园录》。李化楠四川人，乾隆二十八年进士，《醒园录》是他游宦江浙时撰集的饮食资料。不知其炖脚鱼之法是否也取自《调鼎集》。

"霸王别姬"一味，也见于"孔府佳肴"，是清代孔府上宴席如"带子上朝""一卵孵双凤""三鸭子"一类的大件菜。圣门饮食，"食不厌精，脍不厌细"。制作方法也比较考究，不用全鳖，而用水发鳖裙，而且鸡去骨撕成条，置于砂锅之中，加汤慢煮，扒制而成。

江南制多斩件或折骨，与苏北鲁南甲鱼全壳不同，袁枚《随园食单》有全壳甲鱼一味，其制法："山东杨参将家制甲鱼，去首尾，取肉及裙，加作料煨好，仍以原壳复之。每宴客，一客之前以小盘献一甲鱼，见者悚然，惜未传其法。"虽说其法未传，但"霸王别姬"的烹调甲鱼之法，或即其遗韵。

徐州人谈徐州菜，因为那里曾出过汉高祖，颇为自夸。有联云："集四海琼浆高祖金樽于故土；会九州肴馔锩铿膳秘于彭城。"虽然有些浮夸，自古以来彭城就是四战之地，五省通衢的交通枢纽。彭城菜汇合了苏鲁豫皖边区的风味而成，尤其豫菜商丘、开封一系，鲁菜的曲阜、济宁的特色都融于其中。所以，彭城菜集合了齐鲁的豪放、豫曲的风情、皖北的山野之味，形成黄河以南，淮水以北，彭城的饮食文化圈。这个饮食文化圈正是《金瓶梅》小说人物活动的区域。因此，《金瓶梅》书中的饮食和这个地区有密切的关系。

所以，1989 年 6 月，"《金瓶梅》国际学术研讨会"在徐州召开。徐州特级厨师胡德荣推出了他的"金学菜"，也就是"八珍五鼎"的《金瓶梅》宴席。

据说胡德荣不仅精于易牙之术，而且通晓诗文，擅长书法，对于《金瓶梅》的饮食颇有心得。因书中所描绘的宴席规格、菜点名目与徐州地方风味，颇多相同之处，故倾心研究而制作出一席《金瓶梅》菜肴。

不过，《金瓶梅》的菜点与徐州有颇深的渊源，当然不是自胡德荣始。胡德荣"八珍五鼎"的金瓶宴，完全出自徐州近代美食别号文老饕的文若兰，文若兰有《大彭烹事录》，其中有许多关于《金瓶梅》宴席、菜点制作方法的记载。胡德荣的"八珍五鼎"的金瓶宴，便出自该书。据《大彭烹事录》的记载，"八珍五鼎"宴共分四组，全部取自《金瓶梅》。第一组为八珍凉盘：凤脯、王瓜拌金虾、糟鹅掌、木樨银鱼鲊、火熏肉、豆芽拌海蜇、糟笋、酥鸭。第二组为五鼎热菜：蒸糟鲥鱼、烧鹿花猪、炖鸽子雏儿、油炸骨、滤蒸烧鸭。第三组为坐菜：一品锅鸾羹。外加四小菜：甜酱瓜茄、豆豉、香菌、糖蒜。第四组为八点心：酥油松饼、蜜润条环、黄米面枣糕、桃花烧卖、芝麻象眼、油酥鲍螺、艾窝窝、白糖万寿糕。

胡德荣的《金瓶梅》宴席，菜点制作完全据文若兰的《大彭烹事录》。《大彭烹事录》的内容包括徐州《历代名厨师》《历代名店》《历代名宴席》《历代名人与彭城的逸闻雅话》等。其中关于《金瓶梅》宴席、菜肴的制作方法，得自张府家厨所留下的烹调资料。所谓张府是张竹坡的后裔。

张竹坡是徐州人，是康熙乙亥本《第一奇书金瓶梅》的评刻人。关于张竹坡的资料不多。康熙乙亥本谢颐序说《金瓶梅》一书，"今经张子竹坡一批，不特照出作者金针之细，兼使其金粉香浓……无不洞鉴原形"。又康熙中任江西按察使的刘廷玑，在他的《在园杂志》卷二说彭城张竹坡评《金瓶梅》"先总大纲，次则分卷逐段分注批点，可以继武圣叹。是惩是劝，一目了然"。

张竹坡在康熙乙亥本总评之一《第一奇书非淫书论》中，阐述评刻意图时说："况小子年始二十有六，素与人全无恩怨，本非借不律之泄愤懑，又非囊有余钱，借梨枣以博虚名。"以此，张竹坡二十六岁开始评《金瓶梅》，刘廷玑说他"其年不永"，可能死于中年。不过，张竹坡评点《金瓶梅》，反驳了当时所流行的"淫书"论，认为是一部泄愤世情书，"断然龙门再世"，与司马迁的《史记》相提并论。

由于彭城张竹坡的评点，《金瓶梅》和徐州结下了不解缘。张竹坡说《金瓶梅》是一部史记。吴晗在讨论"《金瓶梅》的著作时代及其社会背景"时，认为《金瓶梅》是一部写实小说，写的是万历中期市民社会阶级的生活情形。不过，值得注意的，在这个时期前后，除了《金瓶梅》之外，还出现了其他如《玉蒲团》《绣榻艳史》等，这一系列的艳情小说在同一个时期前后出现。关于这个问题就不是以单纯的封建社会进入末期，资本主义萌芽而出现的市民社会所能解释的了。

不过，李贽、袁宏道以"童心""性灵""真超""自然"论《金瓶梅》，透露了其中一些消息。也就是宋明理学的陆王之学，发展至泰州学派之后，流于空疏虚无。学术思想领域里，弥漫着由反道学而反儒反孔的情绪，李贽就是主要的一员。

因此，在文学领域里也出现了《金瓶梅》一系列的艳情小说。《金瓶梅》就是以孟子的"食色性也"为基点，对饮食男女人生之大欲的阐释。这是超越道学的束缚，对儒家思想返璞归真的讽刺性的解释，所以，李贽等以"童心""真超"评之。因此，《金瓶梅》包括饮食和男女两个环节。但自来讨论《金瓶梅》只专注于煽情的男女之欲，却忽略了其中的饮食之道了。

当然，《金瓶梅》的饮食和《红楼梦》的饮食不同，《红楼梦》是官宦世家的饮食，一味茄制作的过程就非常繁复。《金瓶梅》的饮食却是城市富豪与市井小民之食，实际反映当时社会的饮食风貌。如第二十三回有"烧猪头"的制法：

> 金莲道："咱们赌五钱银子东道，三钱买金华酒儿，那两钱买个猪头来，教来旺媳妇子烧猪头咱们吃。说他会烧的好猪头，只用一根柴禾儿，烧的稀烂。"……不一时，来兴儿买了酒和猪首，送到厨下。……蕙莲笑道："五娘怎么就知道我会烧猪头，栽派与我！"于是走到大厨灶里，舀了一

锅水，把那猪首蹄子剥刷干净，只用的一根长柴禾安在灶内，用一大碗油酱，并茴香大料，拌的停当，上下锡古子扣定，那消一个时辰，把个猪头烧得皮脱肉化，香喷喷五味俱全。将大冰盘盛了，连姜蒜碟儿，用方盒拿到李瓶儿房里……

　　蕙莲烹调猪头，是《金瓶梅》中唯一有烹制方法的记载。猪头是普通人家的菜肴。北魏《齐民要术》有蒸猪头一味："取生猪头，去其骨，煮一沸，刀细切，水中治之。以清酒、盐、肉蒸，皆口调和，熟，以干姜、椒着上，食之。"元倪瓒《云林堂饮食制度集》有川猪头，清童岳荐《调鼎集》有锅烧猪头，袁枚《随园食单》有煨猪头。自古烹治猪头的方法很多，宋蕙莲精于烹治猪头，因为曾嫁给厨役蒋聪为妻，习得这般手艺。蒋聪常在西门庆答应。

　　由此可知，西门庆除了灶上的媳妇，宴客常用外厨。《金瓶梅》所记宴客的场面很多，归纳起其宴席的规格约分四种：一是十样小菜儿，四盘四碗的普通家宴；一是传统的"五菜平头"席；一是以四十碟铺底，外加至少四大件的高档宴席；一是宴请达官贵人的"八珍五鼎"席。《金瓶梅》二十二回载道：

　　……两个小厮放桌儿，拿粥来吃，就是四个咸食；十样小菜儿；四碗顿烂：一碗蹄子，一碗鸽子雏儿，一碗春不老蒸乳饼，一碗馄饨鸡儿。银厢瓯里粳米投着各样榛松栗子果仁梅桂白糖粥儿。

这是普通家宴的规格。三十四回记西门庆陪应伯爵吃酒，对所吃的菜肴有生动的描绘：

说未了，酒菜齐至，先放了四样菜果，然后又放了四碟案鲜：红邓邓的泰州鸭蛋，曲弯弯的王瓜拌辽东金虾，香喷喷的油炸烧骨，秃肥肥的干蒸劈鸡。第二道又是四碗嗄饭：一瓯儿滤蒸的烧鸭，一瓯儿水晶蹄蹄，一瓯儿白炸猪肉，一瓯儿炮炒腰子。落后才是里外青花白地瓷盘，盛着一盘红馥馥柳蒸的糟鲥鱼，馨香美味，入口即化，骨刺皆消。西门庆将小金菊花杯斟荷花酒，陪应伯爵吃。

作者将这一席酒宴菜肴的色味香，描绘得突跃纸上，通常对下酒菜称"案酒"，此处却用"案鲜"，是说这些下酒菜鲜美非寻常。"嗄饭"也就是下饭菜。最后的"座菜"是柳蒸鲥鱼。鲥鱼是江南的时鲜，在当地是珍味。所以，应伯爵道："昨日蒙哥送了那两尾好鲥鱼与我，送了一尾与家兄去，剩下一尾，对房下说，拿刀儿劈开，送了一段给小女，余者打成窄窄的块儿，拿他原旧红糟儿培着，再搅香油，安放在瓷罐内，留着我一早一晚吃饭儿，或遇有个客人儿来，蒸恁一碟儿上去，也不枉辜负了哥的盛情。"

从对鲋鱼一味的珍爱，也说明《金瓶梅》故事发生的地理环境。《金瓶梅》所记载不仅是西门庆的宴饮，同时更描绘市井小民的饮食。第十二回：

那桂卿将银钱都付与保儿。买了一钱猪肉，又宰了一只鸡，自家又陪些小菜儿，安排停当。大盘小碗拿上来，众人坐下，说了声动箸吃时，说时迟，那时快，但见：

人人动嘴，个个低头。遮天映日，犹如蝗蚋一齐来；挤眼掇肩，好似饿牢才打出。这个抢风髈臂，如经年未见酒和肴；那个连三筷子，成岁不逢筵与席。一个汗流满面，却似与鸡骨秃有冤仇；一个油抹唇边，把猪毛皮连唾咽。吃片时，杯盘狼藉；啖顷刻，箸子纵横。这个称为食王元帅，那个号作净盘将军。酒壶番晒又重斟，盘馔已无还去探。正是：珍馐百味片时休，果然都送入五脏庙。

的确写得淋漓尽致。当时的市井吃食如黄米面枣糕、菜卷儿、葱花羊肉扁食、玫瑰糖糕、蒸饼、卷饼、烫面蒸饼等，如今仍是徐州大众日常的食品。不仅饮食吃喝，其中许多生活习俗与里味，如今仍在徐州一带流行。如三十四回："卖了儿子招女婿，彼此腾倒着用。""腾倒"是替换的意思。又三十七回："明日房子替你寻得一所，强如在僻格剌子里。""僻格剌子"，是偏僻的地方或角落。这些话是其他地方少用的。

从丰县再到徐州,准备转车去上海,午饭吃了烧鸭子。后来蹲在车站外的广场候车,人潮汹涌,声音喧杂,甚是不耐。于是我冲出人群,到附近摊子买了烧羊肉和把子肉来吃。烧羊肉见于《金瓶梅》。把子肉状似此间腔肉,以一根细草绳系着,也许由苏东坡的"回赠肉"演变而来,如今徐州筵席上"烤牌子"或缘于此。烈日炎炎,汗流满脸,心情似逃难,也没有吃出什么味道来。

不是挂羊头

常言挂羊头卖狗肉。不过,我们家乡卖狗肉摊子的幌子,挂的却不是羊头,而是在卤好的狗肉上,放置一个拆了肉的真正狗头。卤的狗肉加了红,颜色红艳艳的,上置一个狗骷髅,突着两只白森森的犬牙,色彩分明。这也是说我们家乡人实在,卖啥就是啥,不掺假的。

狗,古又名黄耳、地羊。广府狗九谐音,故称"三六"。狗是人类最早的家畜。至于野狗什么时候变成家犬,为时已不可考。大概在新石器时代的后期,聚落已经形成,野狗徘徊于聚落旁,觅食人吃弃的残肴剩骨,留之不肯去,见人或摇尾乞怜,或翘首献媚,久而久之,人将其收为家族一员。狗不再流浪以后,对主人一腔忠诚,俗话说儿不嫌母丑,狗不嫌家贫,自来没有狗厌弃主人的。于是,狗成为人的好朋友。不过,人有个习惯,欢喜吃朋友,越亲近的朋友吃得越香,往往连皮带骨吞,渣都不吐。当年蒯通说韩信"狡兔死,走狗烹",就是这个道理。

中国人嗜好狗肉,盖有年矣。西周时狗肉已是宴席的常馔，宫廷宴饮，祭祀大典，必有狗肉。天子所食的"八珍"，其中即有一味，以狗网油包裹浸过作料的狗肝，在火上炙之，名为"肝膋"，见于《周礼》。春秋战国时狗彘相连，大夫相见执犬，燕市、邯郸、大梁、朝歌已有屠狗之辈的专业人士，食狗之风已很普遍。汉朝盛行吃狗肉，长沙马王堆出土的随葬食品中，就有狗胯羹、犬肩、狗巾羹、狗苦羹、犬胁炙、犬肝炙、犬菔等多品。魏晋以后，狗肉烹调的方法益精，北魏贾思勰《齐民要术》引崔浩《食经》，其中有"犬法"，制作方法非常繁复，明代的"子狗肉"有其遗意，今日镇江肴肉的制法，或即渊源于此。

汉代食狗之风盛，由于汉高祖刘邦喜欢樊哙烹调的狗肉。《史记·樊郦滕灌列传》："舞阳侯樊哙者，沛人也。以屠狗为事。"唐人张守节《正义》曰："时人食狗，亦与羊豕同，故哙专屠以卖之。"相传刘邦在家乡耍无赖时，每天都到樊哙狗肉摊子，吃刚出锅的狗肉，却不付钱。樊哙为了躲避刘邦，到对河去卖，刘邦早起找不到樊哙，知道他是过河了，赶到河那边，樊哙的狗肉还没有发市。刘邦吃了一块后，大家才抢着买，顷刻间狗肉就卖尽了。于是他们准备过河回家。走到了河边没有渡船，却有一个大鼋缓缓游来，渡他们过河。上岸后，刘邦说不如把这老鼋宰了，带回去烹了吃。他们合力将老鼋宰了，拖回去与狗肉同烹，这就是传说中沛县的狗肉，用鼋汤烹的。

这个故事丰沛地方老一辈人都会讲。我就是小时候在母亲怀抱中,听她缓缓道来的。刘邦起于沛生于丰,这就是我们家乡所乐道的丰生沛养。所以刘邦起兵时,率领的尽是丰沛子弟。后来刘邦称帝关中,黥布谋反,他亲自将兵平定。回程时经过丰沛,又回到自己的故乡。《史记·高祖本纪》略曰:"高祖还归,过沛,留。悉召故人父老兄弟纵酒。酒酣,高祖击筑,自为歌诗:大风起兮云飞扬,威加海内兮归故乡……高祖乃起舞,慷慨伤怀,泣数行下。"这时刘邦已经平定天下,除了他的嫡系丰沛子弟,过去亲密的战友,已经被他烹杀得差不多了。现在又回到自己的老家,看到故乡父老仍然如故,而今日的自己,已非往日的刘季了。抚今思昔,动了真感情,而泣数行下。像那次项羽架了火,要烹他父亲,刘邦站在对面城头笑说,要分一杯羹,他的心肠是很硬的。他是有泪不轻弹的,这次却真的哭了。

自从刘邦当了皇帝,我们家乡人最大的愿望就是当皇帝。事实上丰沛方圆五百里地,的确出了不少皇帝。因为那里地瘠人贫,没得吃的就造反。成了,当皇帝,不成,就是农民起义。问题是当了皇帝后做些什么?他们说当了皇帝后,可以拉张小席睡在金銮殿上,天天捋着胡子喝香油吃羊角蜜。香油就是麻油,羊角蜜是灌了糖浆油炸的点心,状似羊角。

当了皇帝只吃喝这些,可见我们家乡实在穷得没什么东西可吃了。如果有狗肉吃,当然是上上珍品了。我们家乡的狗肉制法,的确与他处不同,将狗原只用硝腌制一宵,去其土腥，然后砍大块置于锅中，入佐料，大火烧沸，微火焖煮十余小时，取出拆骨，凉后撕条而食。所谓鼋汤即原汤，是陈年的老汤，上次还乡，在街边摊子秤得二斤，回到宿处，伴故乡泥池酒而食，其味妙不可言，岂止"三六滚一滚，神仙企不稳"而已，真的不是挂羊头的。

吃南安鸭的方法

广东人吃东西，不仅有寒热之别、燥湿之分，而且还有季节性。秋风起三蛇肥，北风来吃腊鸭。腊鸭就是南安鸭，似南京板鸭，但没有板鸭那么干硬，而味也美。

说也奇怪，这个季节前，市上见不到南安鸭。时间一到，烧腊铺、国货公司、西环的腊味铺墙上挂满了这种腌制的鸭子。黄澄澄、油光光，一行行整齐排列，颇似大阅兵。但春节一过，除了腊味铺墙上，留下一层油腻外，一只也不见了。真不知那堆积如山的鸭子，飞到哪里去了。

所谓南安鸭，是用产于江西大余县的一种鸭子，经过腌制而成。大庾古称南安，故名。当年每当北风起，由人担着刚腌制的鸭子，过大庾岭入广东，自北江溯流而上，等到了销售地，南安的鸭子已经风干，恰好食用。南安的鸭子有个特征，就是在鸭子那个硬嘴上，有颗珠状的圆点，黑嘴白珠，白嘴黑珠，是假冒不了的。这种鸭子肥嫩，他处所无。近年来大批制造，用大木桶装盛运送。木桶上还漆着江西南安的大字。鸭分一级二级不等，卖相虽好，据说味不如前。

坊间又有东莞或本地元朗制的腊鸭。东莞腊鸭较淡，又称"淡口鸭"，但味道不如南安。所以，从去年开始，这里已有旅行社组团，在年前专程去南安买腊鸭。观光兼办年货，一举两得。

南安鸭最普通的吃法是蒸。不过蒸之前，要在滚水里泡一下，除浮油去咸味，俗称"拖水"。蒸妥的南安鸭斩件，下酒佐餐配粥皆宜。普通酒楼售的油鸭饭，就在一碗白饭之上搁几块南安鸭。当然最好吃的，还是荔芋油鸭煲了。用广西荔浦产的大芋头，以砂锅与油鸭并煮，油鸭煮后，鸭油入粉糯的芋块中，实是妙品。不过，我欢喜吃的还是油鸭煲仔饭。这种饭用小砂锅，在红泥炭炉上炊煮，待饭收水时，将南安鸭置于饭上，盖上锅盖收火焖熟。原锅上桌，揭盖香味扑鼻，加葱段并淋以少量的酱油，再盖少顷，便食，风味绝佳。

我爱在店里吃这种饭，还有一个原因。因为售煲仔饭的店，通常在店门前的廊下，置一副红泥小炉，现叫现煮，师傅用扇子扇火，火星四爆，锅里热气腾腾，不仅温暖，也古趣盎然。不过现在都改用煤气，用炭火的也没几家了。吃南安鸭宜肥不宜瘦，腿不如胸肉好吃，剩下的鸭头和干贝煲粥，亦佳。这两年此地流行吃火锅，火锅的汤底，也多下南安油鸭。

不过我现在已很少上街吃这种煲仔饭了。因为店里煮的米不好，鸭也难遇佳品，所以多在家自炊。米用日本做寿司的樱花珍珠米，鸭选一级，与东莞"淡口"并用。饭糯中有硬，油浸其中，晶莹可喜。惜每食必过量。一日，太太参加画友聚会，临行时问我吃什么，我笑而不答。她走后，无所阻碍，厨房可供我纵横（宿处厨房甚大，少说也有七八坪），我自冰箱里取出昨夜剩的煲仔饭。将油鸭切茸，过油炸脆，以余油制葱油，下蛋入饭炒之，加脆鸭茸并芹菜末即可。砂锅里余下锅巴添水煮成粥，配以新东阳的肉松、自制的辣椒萝卜、此地廖伽记的腐乳、扬州的酱瓜、潮州榄菜，另有松花一枚，下嫩姜末加镇江醋，有大闸蟹的香味。饭罢，泡"梅山"比赛茶一壶，闭目卧靠在沙发上，突然想起顾亭林与人清谈，往往会捻着眉毛说，又枉了一日，我抚着自己的肚皮，暗声说了句，惭愧。

饮咗茶未

饮茶，是现代港人的生活习惯。晨起，道旁相左，不互道早，问的却是："饮咗茶未？"朋友久未谋面，街头不期而遇又匆匆别过，临行留下的一句话："改日饮茶。"

不久前，电视访问一个在苏格兰的小岛上开餐馆的港人。他在岛上经营已很多年了，问他居于岛上有何不便，他答："饮茶！"因为要乘四个小时的船，上岸再转搭六个小时的车，饮一次茶舟车往返，要花两天的时间。

海外华埠别的可以没有，但茶楼却不可缺。茶楼装潢得金碧辉煌，座上谈笑声喧，一如香港。点心叫卖，茶客言谈，尽是乡音俚语，端的是已把他乡当故乡了。华埠没有茶楼，港人移居海外，真的就花果飘零了。

港人出外旅行或公干，回到香港的第一件事，就是上茶楼饮茶。虽然沏茶的水来自东江，但在香港茶楼饮茶，似乎格外水滚茶靓。普洱加菊花，其中还渗着浓厚的乡情。在香港住久了，而不习惯上茶楼饮茶，不能算是真正的港人。香港人习惯饮茶，几天不饮茶，就会出现《水浒传》里李逵说的那句话。

"港式饮茶"如今遍及世界，深入内地，多伦多、温哥华不要说，我还在西安和湖南岳阳，饮过港式的早茶。但"港式饮茶"却渊源于"羊城美点"。"羊城美点"出自30年代广府惠如茶楼的星期美点。八甜八咸的十六款点心。以大字红榜，贴于门首，每周更换一次。不过，其所制作的"鱼脯干蒸烧卖"却是看家的常点，并不随星期美点而更换，一如今日陆羽茶室的莲蓉。鱼脯干蒸烧卖，以大地鱼炸后压成粉末，调入猪肉、香菇、鲜虾、鸡肝馅中而成。"惠己惠人素持公道，如亲如故常暖客情"的惠如茶楼，创业于光绪元年间，距今已有百年，是广州茶楼的老字号了。

广州的茶楼，由清咸丰同治间的"二厘馆"始。所谓"二厘馆"是茶资二厘，当时一个角洋合七十二厘。"二厘馆"设备简陋，木桌木凳，供应糕点，门前挂有某某"茶话"的幌子，专为肩挑负贩者提供一个歇脚叙话之所。后来又出现了"茶居"，如五柳居、永安居、永乐居等。其名曰居，即为隐者遁居之所。是有闲者消磨时间的去处。五口通商后，广州成为南方的通商口岸，原来中国四大镇之一的佛山，逐渐衰落，资金转移到广州。佛山七里堡乡人来广州经营茶楼，遂有金华、利南、其昌、祥珍四大茶楼之兴。佛山七里堡乡人经营茶楼的手法，是先购地后建楼，茶楼占地广宽，楼高三层，此后，广府人始有茶楼可上，一盅两件可叹。

叹之为字，是广府话的绝妙好词，作享受解。常说的
"叹世界"，即享受人生。不过，要到这个境界也不是易事，
须历经挨、捞、做等不同阶段。但叹茶却不同，易如反掌。
亿万富豪与贩夫走卒同聚一楼，不论一盅两件或杯笼狼藉，
消费不大，彼此都负担得起。香港虽贫富差距天壤，就叹茶
而言，富豪与贩夫同等，没有什么差距存在。而且叹茶之余
还可以骂；香港虽无民主，却有骂人的自由，只要不见诸白
纸黑字，任由君便。胸中多少怨，一骂消于无形，譬如最近
座上都骂财神爷加香烟价，骂时仍一烟在手，状至悠闲。上
茶楼叹茶，既可消弭贫富差距，又可发泄胸中之怨，的确是
维持香港安定的重要因素。

香港地狭人稠，居甚不易，一家分居各处，逢星期假
日，或家庭庆典，借茶楼一聚，数代同座，借此维系日渐淡
薄的亲情，使中国传统伦理关系，在这个西潮泛滥的地方得
以系于一线。所以上茶楼叹茶，除了满足口腹之外，还有其
社会意义与功能在焉。君不见港九新界，三步一楼，五步一
肆。新建的屋村，也必得茶楼启市后，人们才愿意迁入。

每天六百万市民中，少说也有二百万人上茶楼叹茶。我
们现在已听腻了马照跑、舞照跳，怎么就没有人问港人：
"饮咗茶未？"舞和马照跳照跑，声色犬马事也，与吾辈小
市民何干？如果哪天来了，港人无茶可叹，这个建筑在一堆
花岗岩上的城市，纵有霓虹千盏，也是非常寂寞的。

知堂论茶

知堂是周作人的号，鲁迅的弟弟。周树人与作人兄弟，同为现代散文名家，彼此文章风格不同。鲁迅尖刻，似加了辣椒的冲菜。知堂甘涩似嚼橄榄，有明人小品的遗韵。两人的际遇也不同，鲁迅因缘际会，被中国大陆捧成文学的神。知堂误蹚了浑水，成了历史的罪人，晚岁寂凄以终，现在已很少人再记起他了。

不过，谈五四以后的文学活动，却少不了他。知堂是"文学研究会"的发起人之一，又是《语丝》的发起人和主要的撰稿人。他的散文集《雨天的书》《苦竹杂记》《泽泻集》等等，都是脍炙人口的作品。而且他的集子里，常有谈吃的文章。知堂在1949年11月至1952年间，更在上海《亦报》和《大报》，发表了一系列谈吃的文章，名"饭后随笔"。这时已经风云变色，也许知堂感到另一场历史风暴又来了，写什么都可能入罪，只有谈谈吃最中性，因为人民也是得吃饭的。这段时间写了近七十篇谈吃的文章，这是其他作家少见的。这些作品没有结集，流传不广。

　　知堂谈吃，谈的不是珍馐美味，都是些粗茶淡饭，乡曲俚食，如"臭豆腐""家常菜""盐豆""故乡的野菜"，有怀想，有生活的点滴，清淡得很，一如其文。但在谈吃的文章，却有多篇论茶的，如《北京的茶食》《喝茶》《再论吃茶》《盐茶》《煎茶》《茶汤》《吃茶》等。

　　其实，知堂并不善品茗，他的《吃茶》说："我的吃茶是够不上什么品位的，从量和质来说都够不上标准，从前东坡说饮酒饮湿，我的吃茶就和饮湿相去不远。"而且根本不讲究什么茶叶。他说："反正就只是绿茶罢了。普通的就是龙井一种。小的时候吃的是家乡本地制造的茶叶，名字叫作本山，价钱很是便宜。"《吃茶》发表在 1964 年 1 月 27 日的《新晚报》，这时知堂老人又移居北京，正埋首翻译《伊索寓言》和《枕草子》，他说："近年在北京这种茶叶又出现了，美其名曰平水珠茶，后来在这里又买不到，结果仍旧是买龙井，所能买到的也是普通的种类，若是旗枪雀舌之类却没见过，碰运气可以在市上买到碧螺春，不过那是很难得遇见的。"

　　当时三年饥荒过去不久，能吃饱已经不错，哪里还谈得上饮茶。知堂还有杯龙井喝，生活算不赖了。他吃茶坚持绿茶，"就是不欢喜北京人所喝的香片，这不但香无可取，就是茶味也有说不出的甜熟的味道。"因此，他也欢喜吃加了糖的红茶。他说："红茶已经没有什么味道，何况又加糖与牛奶。英国家庭里下午的红茶与黄油面包是一日中最大的乐事，中国饮茶已历千百年，未必领略此种乐趣与实益的万分之一，则我殊不以为然，红茶带'土斯'未始不可吃，但这只是当饭，在肚饥时食之而已；我的所谓喝茶，却是在喝清茶，在赏鉴其色与香味，意未必在止渴，自然更不在果腹了。"这篇《喝茶》发表在1924年12月的《语丝》第七期。

《吃茶》和《喝茶》两篇文章相去四十年，知堂喝青茶的习惯，倒是前后一贯的。但不论怎么说，知堂老人不是个善茗者。关于这一点他自己也承认。他说："我关于茶的经验，这怎么够得上来讲吃茶呢？但是我说这是一个好题目，便是因为我不会喝茶可是欢喜玩茶，换句话说就是爱玩耍这个题目，写过些文章，以至许多人以为我真是懂得茶的人了。"因此，他"只是爱要笔头讲讲，不是捧着茶缸一碗一碗的尽喝的"。所以，知堂不是品茗，而是在论茶。

知堂论茶，因为从饮食可以了解古人的生活。他认为我们看古人的作品，对于他们的思想感情，大抵都可了解，虽然有年代相隔，那些知识分子的意见，总可想象得到。唯独讲到他们的生活，我们便大部分不知道，无从想象了。因为这期间生活情形的变动，有些事缺了记载，便无从稽考了。知堂有几篇论茶的文章，从唐宋以后的笔记，探讨中国饮茶的风气，他似乎想从"笔记上记的这些烦琐的事物中，与现有的风俗比较，说不定能明白一点过去"。这也是我现在在大学讲授"中国饮食史"探索的方向，因为将一门学科从烦琐的笔记与掌故材料，提升到系统的知识，的确是一段非常

张充和 绘

张充和 绘

艰苦的行程。

知堂虽然不善饮茗，但却颇识茶趣。他说："喝茶当于瓦屋纸窗之下，清泉绿茶，用素雅的陶瓷茶具，同二三人共饮，得半日之闲，可抵十年的尘梦。喝茶之后，再去继续修各人的胜业，无论为名为利，都无不可，但偶然的片刻优游乃正亦断不可少。"他认为我们于日用必需的东西以外，必须还有一点无用的游戏与享乐，生活才觉得有意思。我们看夕阳、看秋河、看花、听雨、闻香、喝不求解渴的酒、吃不求饱的点心，都是生活必需的，虽然是无用的装点，而且是愈精练愈好。

知堂虽然欣赏中国人的生活情趣，但他认为，"可怜现在的中国生活，却是极端的干燥粗鄙"，远不如"东洋文化雅致"。就茶而论，他说："茶起于中国，有这么一部《茶经》，却是不曾发生茶道，正如虽然有《瓶史》而不曾发生花道一样，这是什么缘故呢？中国人不大热心于道，因为他缺少宗教情绪，这恐怕是真的，但是因此对于道教与禅也就不容易有甚深了解。"他认为日本的"茶道有宗教气，超越矣。其源于僧侣"。而"中国的吃茶是凡人法，殆可称儒家的"。不仅饮茶如此，中国的茶食也不如日本。他说："日本的点心虽是豆米做的，但那优雅的形色，朴素的味道，但合于茶食的资格。"所以，知堂说："我对于20世纪的中国货色，有点不大欢喜，粗恶的模仿品，美其名曰国货。"对于国货的厌恶，对于东洋货的仰慕，就是后来知堂"失足"的原因。

　　既向往中国生活的闲情逸趣，又羡慕"和风"的雅致，这种心情是非常矛盾。知堂在五十岁的时候，写了一首自寿诗：

　　前世出家今在家，不将袍子换袈裟。街头终日听谈鬼，窗下终年学画蛇。老去无端玩骨董，闲来随分种胡麻。诸君若问其中意，且到寒斋饮苦茶。

并改其斋为"苦茶庵"，不知苦茶何味，也许知堂想"忙里偷闲，苦中作乐"。

石碇买茶

偶然的机会，我到石碇去了一次。

石碇是台北县山谷中的小地方。出台北，经深坑、土库，有条依山傍溪的公路直通到这里。公路很窄，探头车窗外，可以听到崖下淙淙奔流的溪水声。湛蓝的涧水，伴着对岸葱绿的山峦，虽然在阴雨蒙蒙里，还是那么苍翠可喜。

石碇就坐落在这山溪的源头。一条不算街的小街，沿着溪流搭建着，的确是搭建的，因为临溪的房子都从溪底用石柱撑住。那条小街上家家的屋檐相连在一起，走在街上仿佛是走在人家屋里。有两座石桥贯串了涧溪两岸的人家。公路辟到桥边就终止了。后来知道在北宜公路还没有开通前，这里是台北盆地和兰阳平原货物的转运点；现在虽然繁华外移，显得有些苍老，所幸除了一些电视天线外，还没有受到太多 20 世纪的污染，依旧保留着过去的古朴。而且在这个山重水复疑无路的地方，留下了这么个小村镇，颇有几分野趣。

跳下车来，仰观四周的山，俯视临流的溪，心想：有这样的青山绿水，定有好茶。尤其这一带又是包种茶的产区。对于吃茶，我虽不能说上嗜好，但很固执。不知从什么时候开始，我爱上了这种包种青茶。这些年来一直没有改变。每逢离开台湾到外地去，总是先带一斤自用。喝得差不多的时候，再由家里寄去。也许因为这种茶还没有焙过，带有种自然的香味，喝起来苦里蕴着些微甘。泡起来茶叶碧青青的，茶水黄澄澄的，在观感上也是种享受。

最初，因为太太家住宜兰，我喝的是宜兰武荖坑的包种青茶。据说武荖坑的溪水是台湾省内最好的。后来她们家搬到台北，只有偶尔路过时买些，但慢慢觉得越喝越不对味。去年暑假，我再游横贯公路，归来时经苏花公路过宜兰，顺便参观北回铁路，看看"大约翰"挖山洞。途经武荖坑，才发现近年这里设了个水泥厂，山林溪水蒙上一层苍苍的白灰，已经无法再看清原来的山水，武荖坑的茶也随着变质了。

一度我住在新店。新店是产文山包种茶的地方。公路局的广场边有家自制自销的茶庄，老板大概四十岁光景，胖胖的，平时不大爱讲话，因为我常买他的茶，成了老主顾；后来搬了家，过了很久到新店，又去他家买了一斤茶叶，他像多年不见的老友，一把拉住我的手，谈个不休。新店的茶和这家茶庄的老板一样，很有味道。

这次到石碇，虽然我想这里会有好茶叶卖，但是在那条小街上来回走了几趟，却没有找到卖茶叶的。于是只好问一位路过的中年妇人，她笑着说："有啦！"把我带到一个小饮食店的楼上，她又匆匆下楼去了。这个小饮食店也建在溪边，室内有三张八仙桌，每张桌子配着四条长凳子。这种陈设在城市里已不多见，我拣了靠窗的一张坐定，窗外溪水潺潺，更有迷蒙的雨，觉得此情此景该有酒。就叫店里切了盘猪头肉，煮一碗豆腐汤，外加一瓶从隔壁杂货店买来的竹叶青，自酌自饮起来。

不一会，那中年妇人带了一位背着大布袋茶叶的老人上楼来。那老人把口袋放下，没说话就抓了一把，转头走到这屋子的一个角落里，打开搁在那里的煤气炉，又在旁边缸里盛了一壶水，烧煮起来，水很快就滚了。他又取了两个饭碗，走到我桌边，把手里拿的茶叶放在一只碗里，倒下滚开的水，把碗里浮起的泡沫倾倒在另一只碗里，然后再加水冲泡。最后他拿起汤匙，在碗里舀了一匙，自己品尝一下，点点头笑笑，把汤匙放在另一只清水的碗里，洗了洗交给我。他静静地站在那里，注视着我。我喝了一口，也点点头向他微笑。接着他对我愉快地大声笑起来。仿佛像自己创造的杰作，已经引起别人共鸣那样愉快地笑着。

我请那位老人在对面坐下来，他用浓浊的乡土声调，向我解说他袋里茶叶制作的过程。顺便又向袋里抓了一把，送到我手里，让我放在嘴边轻轻地吹，然后再细细地闻，一阵淡淡的清香随着飘散开来。我笑着指着杯中绿里带黄的竹叶青，碗里的茶，说真香真香，这茶和酒一样香。说着说着，我为那老人酌上一盅酒，他一饮而尽，我又为他酌上一盅。我们喝着茶，饮着酒，他慢慢地向我叙说这里的旧时事，我竟忘了买茶，他也忘了卖茶，只像一双久别又逢的忘年朋友，不停地谈论着。再也不管窗外暮色已在溪水奔流声里升起，还有那山风吹斜的细雨。

烤番薯

居处附近有座小公园，面积虽不甚大，但花木扶疏，整理得很干净。园中有一池塘，塘中游鱼往来，塘上架一拱形小桥，环池植柳，月夜临池，柳影依依，似是江南。池外有条绕园的水泥道，供人晨跑或散步。清晨或午后附近的人聚在这里遛鸟走狗，下棋阅报，或散坐林间池旁闲话家常，真的是世上多少无谓事，都付谈笑中了。

人在公园里晨昏两聚。公园外一角的道旁，很自然汇集成早晚两市。尤其是黄昏时分，放学下班的归来，显得格外热闹。卖的都是些吃食，热包子、山东大馒头、葱油饼、香酥鸡、臭豆腐、锅贴、蚵仔面线、甘蔗鸡、各色卤菜等等。

在这些小吃摊子中，有档卖烤番薯的车子，我欢喜的倒不是他的烤番薯，而是小货车前玻璃窗，挂的那幅彩色的大招贴，上印着："戏说童年的神话，传统美食再现烤番薯。"衬着一片秋收后蓝色的天空，金黄的田地。一群孩子聚在田地里，围着一个用泥巴堆砌成的灶，灶里吐着熊熊的火苗，红色的火苗映在孩子们兴奋期待的脸上……这幅图画仿佛在哪里见过的，又使我回忆金色的童年。于是，凑过去也买了一个。

卖烤番薯的约莫四十来岁的光景，笑着说，番薯是从台中贩来的，包甜。我捧着炙手的番薯，在公园的石篱上坐了下来。剥开紫色的皮，露出软滑红心，一股焦香的气味扑鼻，但那香味也是非常熟悉的。

番薯又名地瓜、山芋，又因外皮色泽不同，称白薯或红薯、红苕等名。《北京风俗杂咏》续编中，有首《煮白薯》诗，诗云："白薯传来自远方，无异凶旱遍中原；因知美味唯锅底，饱啖残余未算冤。"诗后有作者的自注："因煮过久，所谓锅底者，其甜如蜜，其烂如泥。"食者特别喜好。所谓"白薯传来自远方"，则是白薯传自远方，非中国产。番薯原产于中美洲，辗转自东南亚传入中国。传来的途径或有两条：一或经印度、缅甸传入云南。据李琨《蒙自县志》记载，番薯是由倘田人王琼携回种植的，并且说"不论地之肥硗，无往不利，合县遍植"。倘田距蒙自县城七十里。明代中叶才开辟并筑建土城。王琼大概在这个时候自境外携回的。李琨的《蒙自县志》修于乾隆五十六年。

另外一途是由吕宋，现在的菲律宾传入福建。据《明万历实录》记载，长邑生员陈经纶上禀，说他父亲陈振龙"历年贸易吕宋，目睹彼地朱薯被野，生熟可茹，功同五谷"。陈振龙习得番薯传种的法则，带归故乡就地种植成功。所以陈经纶上禀朝廷，希望推广栽培。这是番薯传入中国的最早的文献记载。徐光启《农政全书》对番薯的栽培、贮藏等方法记载得非常详细。而且徐光启也是番薯最初的推广者。他在万历三十六年所草的《甘薯疏序》说："有言闽、越之利甘薯者，客莆田徐生为予三致其种，种之，生且蕃，略无异彼土。……欲遍布之，恐不可户说，辄以是疏先焉。"徐光启自莆田徐生处，得到番薯，亲自试种成功，上疏朝廷推广。当时李时珍的《本草纲目》，对新传入的番薯性质有详细的记载，并且说番薯可以"补虚气、益气力、强肾阴、功同薯蓣"。薯蓣即山药。所以，番薯在万历中，自吕宋传到福建，是可以肯定的，距今已有四百多年了。

徐光启上疏请积极推广番薯的种植。因为番薯抗旱耐瘠，平原、丘陵、山区或沙地皆宜种植，而且单位面积收成很高，是救荒的最佳食品。事实上，番薯传入后一直扮演防荒救饥的角色。俗称："一年红薯半年粮"，不仅荒年，平时也可以番薯作主食。番薯经徐光启积极推广，自此之后，南自海南，北至辽东，沿海各省，西抵内地，普遍种植番薯。

清黄逢昶《台湾竹枝词》有诗云："昨夜闻声卖地瓜，隔墙疑是故侯家；平明去问瓜何在？笑指红薯绕屋华。"诗后有注："台人呼红薯为地瓜。地瓜最多，大者十余斤，家家和米煮粥以飨食，内地人不合水土，食地瓜最宜。"所以烤番薯与青菜消夜的地瓜粥，由来已久。番薯入台，也有两途：一或于万历以后，先民由唐山过台湾，渡海而来。郑成功来台时，番薯已是澎湖的重要作物。据杨英《先王实录校注》载永历十五年二月，郑成功收回澎湖，预计数日可到台湾。但因受风阻留滞，大军乏粮，于是命各澳长搜索接给，但澎湖各屿"并无田园可种禾粟，惟番薯、大麦、黍、稷，升斗凑解，合五百余石，不足当大师一餐之用"。由是可知当时番薯已是澎湖的主食。又据林豪《澎湖厅志》："澎湖斥卤不宜稻，仅种杂粮，而地瓜、花生为盛。"由于澎湖风沙过大，这种情形到现在仍未改变。澎湖地瓜源于漳泉二州，然后经此过渡到本岛。另一传来途径，则自文莱。陈淑筠《噶玛兰厅志》卷六"物产"条下则说，番薯"明万历中，闽人得自外国。或云有金姓者，自文莱携回，此另一种，皮白面带黑点，乃地瓜中最甜者，又名金薯"。

所以，番薯传来台湾的途径有两条，一是万历以后，传自漳泉，一是金姓者由文莱携回的金薯。还有一说是来自日本，如果能获得材料证明，就今日而言，真是皆大欢喜了。山地番社种番薯，则较平地晚。或在清雍正乾隆之际，《番社采风图考》载孙元衡《种芋》诗云："自有蛮儿能汉语，谁言冠冕不相宜，牝牛带雨晚来急，解得沙田种芋时。"诗后也有注："内山生番不知稼穑，惟于山间石墟刳土种芋。苗熟则刨地为坑，架柴于下，铺以生芋，上覆土为窍。火燃即掩其窍，数日取出芋，半焦熟，以为常食，行则挈以为粮。"对于种植地瓜与食用方法，叙之甚详。只是作者不知为何许人，诗也没有载明写作时间。不过，《番社采风图考》收有《社师》《完饷》等诗。诗后都有注："南北诸社熟番于雍正十二年始立社师，择汉人之通文理者，给以馆谷，教诸番童。"又说："向例凤山八社番妇，每口征米一石，雍正四年蠲免。"孙元衡的《种芋》诗，或写于此时前后不久。那么，原住民开始种番薯或在这段时期前后，由平地传到山地。

所以，番薯称番，因其来自外洋。一般而言，隋唐以前，称长城以外的边疆民族为胡人，凡域外传入的事物，都冠以胡字，如胡床、胡琴、胡椒、胡麻饼等。近代则对由海上入侵的高鼻深目、碧眼黄发的欧美人，一概视为洋人。所传来的事物皆冠以洋字，如石油称洋油，火柴称洋火，彩色图片为洋画，香烟为洋烟。闽粤地区则称洋人为番人或番鬼，至今香港市井仍称啤酒为番鬼佬凉茶。台湾则称火柴为番仔火，即是一例。因此，此番非彼番，与土著的本土文化，似无甚关联。当然，一种外来事物传入之后，经过一段时日即融于我们自身的文化体系之中，不再探究这种事物的源流了。尤其在饮食习惯方面更明显，番薯就是一例。番薯传入后，即被视为一种救荒的食物，明清食谱少以番薯入馔，虽然北京人喜将番薯切丝爆炒，喷醋，爽脆可口，但不普遍。四川味的粉蒸排骨或肥肠，往往以番薯垫底，但只是陪衬，并非主馔。清王士雄《随息居饮食谱》有"甘藷"一条，说甘藷一名番薯，"硗瘠之地，种亦番滋，不劳培壅，大可救饥，切而蒸晒，久藏不坏，切碎同米煮粥食，味美益人。"将番薯"切而蒸晒"，即为番薯签，和米而煮可成粥饭。先民来台拓垦，因土地肥沃稻产丰富，但所产的稻米，多运往漳泉贩售。姚莹《东溟文集后集》说："台人皆食地瓜，大米之产，全为贩运，以资财用。"周玺《彰化县志》卷九《风俗志》"饮食"条下也说："每日三餐，富者米饭，贫者食粥及地瓜，虽歉岁不闻饥啼声。"

所以，以番薯为粮的传统由来已久。太平洋战争中，日人搜榨物资充为军用，更有盟军飞机轰炸，百事萧条，人民全赖番薯充饥。战后复员，这种情况并未改变，1949年冬，我那时十六岁，因思想问题在嘉义入狱，还吃过一个时期的番薯签饭，饭以糙米混番薯签同煮，配以小鱼干数尾，如今忆之，味甚甘美，现在来说，应该是健康食品了。后来日子过好了，大家都有白米吃，番薯只有留着喂猪了。

现在又有人怀念那种吃番薯签的日子，但番薯签已经不易寻找，只有到青叶喝碗地瓜粥配佛跳墙了。君不见，入夜之后，半条复兴南路，灯火辉煌，人声喧哗，那里不仅有番薯粥可喝，还有胡麻油炒地瓜叶可吃。端的是"传统美食再现"了。

蚵仔面与臭豆腐

—— 台湾饮食文化的社会变迁

一、筷子与饮食文化圈

现在有些人为了某种特定的目的，在各个领域进行去中国化，也许他们的努力，成功有日，只是到时还剩下什么？一切都可以去中国化，唯独饮食不能。只要一天吃饭不摒弃用筷子，就无法挣脱中国化的纠缠。因为用三个手指灵活运用两支筷子扒饭攫菜，或在汤里捞菜，不仅是中国人的饮食习惯，也是中国人的饮食文化的特质，日本人吃饭不是也用筷子？是的，日本曾长久受中国文化的熏陶。不仅日本，还有朝鲜半岛和过去的越南，也都用筷子吃饭的。就饮食文化的发展与融和而言，这些民族和地区与中国饮食文化合起来，可以形成一个筷子饮食文化圈。

中国人用筷子吃饭，由来已久。我有个朋友去了美国三四十年，他每天吃早饭时，还用筷子挟面包，他说这是积习难改。只要吃饭的时候，先拿筷子后端碗，就很难自置于中国饮食文化圈之外。这使我想起梁实秋先生赠给他牙医的

259

一幅立轴，真的是"每饭难忘"了。

饮食文化是中国历史文化的重要环节，讨论中国历史文化的发展与演变，我皆以一城、一河、两江论之，一城是长城，一河是黄河，两江是长江和珠江，中国历史文化的发展，自上古到近代即由黄河渐渐从北向南过渡。同样地，讨论长城之内汉民族的饮食文化生活，也是以一城、一河、两江作中国饮食文化的空间背景析论之。

在亚洲饮食文化区中，中国饮食文化的形成与发展，和亚洲其他地区不同，自亚洲最东北的堪察加群岛，至西南的阿拉伯半岛尖端，画一条直线，将亚洲分成甲乙两个饮食区，甲区包括中亚和西南亚，这个地区雨量稀少，气候干燥而寒冷，生产的作物以小麦为主，家畜是牛羊。中国的西北、华北，也在这个饮食文化区中。至于乙区，包括东北亚和东南亚地区，中国的华中、华东与华南在这个饮食文化区中，这个区域雨量丰沛，气候湿润温和，生产主要作物是稻米，家畜是豕，因此形成亚洲地区粒食和粉食两个饮食文化区。这两个饮食文化区各自独立发展，唯有中国同时包括粒食和粉食两个不同饮食文化区。

自长江黄河分水岭的秦岭至淮河间画一条直线，南稻北粟的主食结构在一万多年前中国农业出现时已经存在，其后小麦自两河流域经西域传来，在黄河流域种植，最初作为救荒食品。春秋战国秦汉期间磨的改良与普遍应用，将外壳坚硬的小麦磨成粉面，形成中国南稻米北粉面的主食结构，迄今没有多大的变动。

　至于配合主食的副食，也就是日常吃的菜肴，出于中国幅员辽阔，山川隔阻，气候风土差异，物产不同，提供的饮馔材料不同，所谓靠山吃山靠水吃水，形成不同区域不同的地方风味，而有南甜、北咸、东辣、西酸的差异。这些不同的口味差异，分散在中国境内，形成不同的饮食文化圈。以长城之内的黄河、长江与珠江三条水系为区分。黄河流域包括黄土高原的甘肃、陕西、山西与华北大平原的河南、河北、山东，饮食习惯相似，形成华北饮食文化圈。长江流域上游与中游包括云南、四川、贵州、湖南、湖北、江西，为西南饮食文化圈。长江下游的安徽、江苏、浙江与上海，为华东饮食文化圈。珠江流域的广西、广东及闽江流域的福建，则为华南饮食文化圈。不过这只是同中存异，异中求同的概略区分，因为即使在同一个饮食文化圈，由于地理环境和风俗不同，或新兴的都会兴起，突出其地方风味的特质，而有京、沪、川、粤、苏、扬、鲁八大菜系。不过即以一个地域为名的菜系，往往是由几个不同地方风味汇合而成。如粤菜是以广府菜，东江的客家和潮汕风味，现在又多了个香港的新潮粤菜组成。闽菜则是由闽北的福州，闽西的武夷、建阳，闽南则是由晋江流域的漳泉二州及沿海地区的厦门结合而成。泉州桐刺港是海上丝绸之路的起点，自古客商云集，繁华兴盛，又是闽南风味的主流，而且直接影响台湾的饮食习惯。所以台湾的饮食文化是华南饮食文化圈闽菜系闽南地方风味的一个支系。

台湾是个移民社会，先民多来自漳泉二州，1945年台湾光复时候，当时台湾的人口六百万，百分之八十来自闽南地区，其中百分之四十五来自泉州，百分之三十五由漳州移来。百分之十五来自广东与闽北的客家。其他的百分之五则来自福州和其他地区。除此之外还有二十万的日本人，十万在台北，十万分散在各地。漳泉二州的先民由唐山过台湾，大概在明朝万历年间，荷兰人占据台湾，招募漳泉二州的农民来台拓垦，种植甘蔗、稻米。其后郑成功复台，许多农业拓殖者随军渡台，因为闽南地区山多地瘠，自来就有大批人口流向南洋，现在又多了向台湾移民的出路，即使在雍正海禁期间，还有大批漳泉二州的农民，冒险犯难过台湾。

台湾与闽南地区一水之隔，地理环境与气候物产相似，所以先民过台湾，并没有改变他们原有的生活方式和饮食习惯。主食是稻米，由于四周临海，副食多海产，为辟腥和保鲜，调味料用醋和红糟，烹调方法水煮和炊，也就是蒸，这种简单朴素的饮食习惯，一直延续至现在。甲午之战后日本侵占台湾五十年间，除了将蓬莱米引进台湾外，此外影响极少数皇民化人口，形成所谓的"和汉料理"，但对台湾原有的饮食传统，没有多大影响。最不可原谅的就是味精的输入和普遍使用，改变台湾菜肴原有的风味，使百菜一味，害延迄今。

台湾移民人口绝大多数是前来垦殖的农民，由农民为基础形成农业社会结构，是一种生产和消费自给自足的小农社会，一切的供需都求诸自己耕种的土地，所以没有形成饮食消费市场。先民在这块土地辛勤努力地工作，并且从他们耕种的土地取得生活的资料。他们的饮食生活非常朴实与单调，除非逢年过节，很少有丰盛的菜肴，即使节庆也不外是一块肉、一只鸡和一条鱼的三牲祭品，祭祀后合家享用。所以，台湾常时的饮食生活非常平淡，没有多大的变化。直到1949年另一批新移民迁入，及台湾社会的经济发展，由农业社会向工商业为主的社会过渡，才渐渐改变了台湾原有的饮食文化习惯。

二、大稻埕、艋舺与西门町

1949年前，台北没有馆子，要请客只有去大稻埕的酒家。食家唐鲁孙光复后即来台湾，初任台北烟厂厂长。时有应酬饮宴，他说当时台北除太平町延平北路，几家穿廊圆拱琼丹房的蓬莱阁、新中华、小春园几家大酒家，想找没有酒女的饭馆，可以说凤毛麟角，几乎没有。

延平北路一带，就是当年的大稻埕，是台北远洋码头所在，所有往来南洋与内地各大商埠间的船舶，停碇于此。有乐町迪化街商业繁华，巨商大贾聚集，酒家林立，红灯绿酒，夜夜笙歌，是当时台北最活跃的饮食市场。酒家饮食文化是台湾饮食文化的一个特色，早年台北的酒家非仅是豪富政商的消金所在，文人墨客也常流连，菜肴精致，非日后酒家菜瓜仔肉可相提并论。据1930年蓬莱阁的一份菜单，上列所售菜肴千余种，山珍海味尽有，鲍参翅肚俱全，一席乳猪排翅席，售价大洋六十元。真是富人一席酒，贫家半年粮了。细究其所列菜肴内容，分别传自闽、粤、沪菜系，但其中没有日本料理。由此可知外来饮食已涓涓流入，但仅一小撮所谓的上流者享用，不是一般市井小民可以染指的。

和大稻埕饮食市场遥遥相对的是艋舺，也就是现在的万华。万华是当年的近海码头，船只往来泉州、厦门闽南一带，运销台湾剩余的稻米，运回的则是人们日常用品，规模较小，多是出身农村的小商人。因此在龙山寺庙口与华西街一带，形成台北另一个饮食消费市场。所售皆民间消闲小吃，如大鼎肉羹、鼎边趖、肉粽、肉圆、蚵仔煎、豆笺、蚵仔面线、肉粥、肉卷（又名鸡颈）、菜头粿、鱼丸汤、切仔面、扁食汤、割包等小吃，八年前我去泉州探访其风味小吃，与台湾相似者，竟有百分之八十以上。这些乡里小吃，或由唐山过台湾的移民，或由贸易客商移植来台，但由于材料来源或地理环境的影响，稍有改变，形成台湾在地的乡里小吃。若以万华的乡里小吃与大稻埕酒家菜肴相较，则万华的乡里小吃，若农村的村姑，虽出身小门庭，却自有其风情。

大稻埕与万华距台北城较远，日本进据台北后又在城郊辟建了与他们生活方式相近的西门町。当时这一带坟冢累累，荒烟蔓草，并无人烟。1898年任行政长官的后藤新平，以日本东京浅草区棋盘街道形式规划西门町。成为台北新兴的商业娱乐区，首先建筑的是"台北座"与"荣座"两家戏院，最初上演日本旧剧与歌舞剧，20世纪初开始上映由无声到有声的电影，台北座即日后万国戏院的旧址。

1908年又兴建八角亭，即日后的红楼剧场。楼高两层，成为当时西门町的地标，一楼售日用百货，二楼则是古玩与旧书集中地，其旁又建新式菜市，鱼肉蔬果尽有。八角亭外是椭圆形公园，园内种植花木，并有喷水池。出得园来是成都路的万国戏院所在，然后转西宁南路则有料理亭、咖啡座聚集。在康定路近淡水河旁，则有官方经营的"日本亭"，专营日本料理，并有艺妲，大战末期神风队出征敢死前，队员在此消磨最后的一周。西门町经昆明路与万华相衔，由郑州路可至大稻埕的有乐町。西门町在大稻埕与万华饮食消费市场外，是另一个具有现代规模日本风味的饮食消费市场，光复后台北的电影院尽集于此，就更繁华了。台北城墙拆除后，城里城外成为一体，从西门町跨越中华路就是繁华商业区的衡阳街，后来纵贯铁路由板桥进入台北，经中华路到火门车站，使西门町一带，更嘈杂热闹了。不过，大战末期，盟军空袭不断，西门町一度萧条，红楼外的公园废置，喷水池不喷水了，许多饮食摊贩向这里辐辏过来，除了在地小吃，还有蛋包饭、咖喱饭、寿司和生鱼的和汉料理。形成除重庆北路圆环与万华龙山寺庙口外，台北另一个小吃据点。

三、中华商场与桃园街

1949 年，大批随国民党政府来台的军政人员，还有大陆各地难民仓皇渡海而来，在短时间内到台湾的新移民约八九十万，这批新移民匆匆移入，使原来平静的台湾社会，日后变得复杂了。这些新移民仓皇渡台，惊魂甫定后，想到日后的生计问题，其中一部分以西门町圆环小吃摊为据点，沿着铁路两侧自小南门的天理教会与北门邮局，搭盖铁皮或木板的违建，经营南北小吃，使中华路一带火车往来栅栏上下，铃声当当，与拥挤的人声喧嚣相杂，火车冒出的煤烟与饭馆的油烟相混，绘出一幅杂乱的流民图。但这却是台湾在地饮食与内地外来饮食第一次的接触，不仅拓宽了台湾在地饮食的胸襟，也为日后包子、馒头与水饺，进入台湾饮食系统，做了先导的准备工作。

50 年代初，为了整顿中华路一带脏乱的违建，配合台北都市经济发展，沿着中华路自北门至小南门间，建筑了忠、孝、仁、爱、信、义、和、平八幢四层楼的中华商场，中华商场依台北旧城基而建，于是台北又有了发光的城墙，更有了光鲜整齐的中华路，许多经营各地小吃的违建上了楼，中华商场成了台湾南北各地小吃新的聚集地。

北京的冰镇酸梅汤与窝窝头、天津的馃子与麻花、四川的红油抄手与粉蒸小笼、云南的过桥米线与大薄片、湖南的浇头米粉与腊肉、陕西的牛肉泡馍与穰皮子、山西的刀削面与猫耳朵、湖北的面窝和豆丝、上海的粗汤面和油豆腐粉丝、广东的蚝油捞面和及第粥、杭州的片儿川、温州的大馄饨、苏州的蟹壳黄和生煎馒头、徐州的糁、符离集与道口烧鸡、德州的扒鸡、南京的桂花盐水鸭……都相继出现了。

中华商场周遭半径一公里包括火车站和重庆南路，出现许多大型的饭店菜馆，江浙菜有状元楼、老正兴、复兴园、三合楼、励志社，姑苏菜有石家饭店、小小松鹤楼，京菜有会宾楼、致美楼、同庆楼、悦宾楼，川菜有大同、竹林，粤菜有马来西亚与大三元，湘菜有曲园、天长楼、天然台，川扬菜有银翼和锦江，滇菜有金碧园和云和园，晋菜有山西餐厅，陕菜有长安馆，闽菜有胜利，还有上海弄堂菜隆记、赵大有、开开看……可说是南北皆有，东西杂陈，大陆各地的菜肴都汇集在此。

有人说当年流行的浙江菜是官菜，因为领导人是浙江人，称湘菜为军菜，因为军人多三湘子弟，这是无识之谈，因为饮食是最中性的，无所谓左右、本土或外来，只要有人吃，就开开看，当时这些饭店就是这样开开关关的。倒是现在的领导人当初就职之时，摆出的"国宴"特别强调本土化，除碗粿一味是他家乡的，其他的西菜中制：焗龙虾是粤式，鱼香羊排是川式，熏深海鳕鱼湘式，材料分别来自外洋，羊排来自新西兰，深海鳕鱼来自加拿大，龙虾是澳大利亚产，鲑鱼是挪威的。厨师为了突出本土意识，在头盘贴了几片番薯菜为装饰，薯既称番，当然传自外洋，一如当年火柴称番仔火。番薯于明万历年自菲律宾传入福建，经徐光启推广，成为救荒食品，由先民携来台湾繁殖，番薯既来自外洋，番薯菜就非本土的了。所以，将饮食也冠上本土与外来，那么吃就没有什么味道了。

这些不同地区的菜肴在台北出现，最初各呈现不同的风味和特色，然后来自不同地区的饮食，不仅和本土饮食接触，同时也互相模仿，后来在江浙馆子可吃川味的回锅肉，在京菜馆又可吃到宁式炒鳝，至于葱油饼更是各家都有。

就在这个时候，衡阳街附近的桃源街出现了奇观。桃源街并不长，街的两旁出现一二十家川味牛肉面大王。虽然台湾的大王和权威原来不少，但各个大王比邻而居，一字排开却是少见，成为台北街景一奇。当时香港来台观光，必到此一游，摄影留念。

面称川味，也就是四川味道的红烧牛肉面，如今四川并无此味，或是由成都过去的小吃，小碗红汤牛肉转变而来，小碗红汤牛肉加入面，即成川味红烧牛肉面。川味红烧牛肉面，可能出于冈山眷村，风行台北，然后由退役老兵播布台湾各地的乡镇。

眷村是台湾特殊的社会结构。当年为解决部队中下级军官眷属的居住问题，使他们无后顾之忧，在城市的外沿或穷乡僻壤之间，兴建大批军队眷村。这些拥塞简陋的眷村，门户相连，厨房相对，来自大陆各省的军人眷属或下嫁的本地妇女比邻而居，做起饭来真的是一家烤肉八家香，成了本土与外来饮食最亲密交流的所在，也是台湾饮食文化变迁的关键。另一方面当时军人待遇偏低，这些眷村的眷属或为怀乡，更重要的为了贴补生计，做些简单的家乡地方风味食品出售，渐渐各个眷村出现出售各地风味小吃市场，一如后来平镇忠义眷区，眷属多来自滇缅边区，这里云南风味小吃就非常地道。

冈山是空军官校所在，官校自成都迁来，眷属多川人。冈山辣豆瓣酱即出于此。冈山豆瓣酱仿四川郫县豆瓣，是烹调川菜主要调料，其后川菜在台湾流行，功莫大焉。烹调川味红烧牛肉面辣豆瓣不可缺，所以四川味道的红烧牛肉面出自冈山空军眷村，是非常可能的。川味牛肉面虽起冈山，却流行台北。最初在宝宫戏院旁的信义路旁廊下，有几档川味红烧牛肉面，其中一档迁至永康路的公园，成为后来的永康公园川味红烧牛肉面，其后有林森南路的唐矮子与仁爱路、杭州南路的老张担担面店的开设。

这种在台湾兴起的川味红烧牛肉面，制作方便，只要熬一锅红烧牛肉汤即可生财，工具简单，所以在台北各巷弄口就有一档，最初摆摊，后来搭起违章建筑，就成了老张、老李、老赵川味红烧牛肉面店了。这些川味红烧牛肉面店多由退役的老兵经营，这些老兵退役后分散在台湾各地的城镇，川味红烧牛肉面，随着他们播散台湾各地，川味红烧牛肉面价廉物美，食者不限于外来人口，本地人也嗜食，因此也进入台湾各地夜市小吃市场，成为台湾的大众食品。这些退役的老兵，现在称他们为老芋仔，不过这些散在台湾各地的老芋仔，对台湾饮食文化的发展演变是有贡献的，关庙的面、公馆的榨菜及万峦猪脚的配方，最初都出自他们之手。

不过，川味红烧牛肉面的兴起与流行，最后成为台湾的大众食品，真是异数。因为当年先民来台拓垦，牛是主要的劳动力，对牛宠爱有加，是不吃牛肉的，但川味红烧牛肉面兴起，不仅突破这个禁忌，并且为日后美国面包夹牛肉饼的速食麦当劳登陆，做了先行的准备工作。而且川味红烧牛肉面不仅风行台湾，并流传海外与大陆。外传以后，不再称川味红烧牛肉面，名为"台湾牛肉面"，所以"台湾牛肉面"是外来与在地饮食混合而成的一种食品，不论有人如何坚持本土，都吃过这种牛肉面。川味红烧牛肉面薪火相传到第二代，原来的老李、老张，就改李家或张家川味红烧牛肉面了，但味也有多元化的改变。川味红烧牛肉面流行到美国，后来又回流台湾，称为"加州牛肉面"。川味红烧牛肉面原本是一种价廉物美的大众食品，台湾经济快速发展，出现了一小撮畸形的暴发户，于是市上出现了三千元一碗牛肉面，他们吃的不再是牛肉面，而是阿堵（阿堵是古人对金钱另一种称呼），就不足为论了。不过，在美国连合速食进入台湾后，本地的速食也随着兴起，可以与之抗衡的，是速食面，在各种不同厂牌的速食面之中，必有川味红烧牛肉面一味。

四、蚵仔面线与臭豆腐

随着台北城市经济的发展与转变，纵贯铁路进入台北地下化后，中华商场变得寂静了，而且新辟的商区向东拓展，原来繁华的中华商场随着也没落了，像艘航行海上老旧的船，最后终于面临拆毁的命运。中华商场拆除与中华路拓宽后，原来集中在这里的饭店与小吃四下星散。川味红烧牛肉面大王也离开桃源街，另谋生计，改称为"桃源街牛肉面"。桃源街牛肉面的出现，象征着台湾饮食文化进入一个新的发展阶段，并且出现以"台川"或"台湘"为市招的饭店。所谓"台川""台湘"，是本土拜拜（拜拜，即饮宴）和办桌的菜肴与外来饮食结合的一种新的口味。这种新口味的出现，为日后动辄千桌的政治选举的大拜拜，提供了发展的条件。这种政治的大拜拜，是台湾饮食文化转型间的畸形发展。

就在台湾饮食文化转型期间，美国的速食麦当劳在台湾登陆了。这种在20世纪40年代美国公路交通网络形成后出现的食品，随着城市经济的发展，普遍到美国各个角落。这种美国速食，材料新鲜，出货迅速，内容实在，拿了就吃，简单方便，具备了"新、速、实、简"的现代化的条件，至于味道就不要提了。这种美国速食必须是城市经济发展到一定程度，外食人口增加后，才有其固定的消费市场。所以，麦当劳在香港行销比其在台北民东路立下据点，早了十年，其后在北京王府井大街安营扎寨，又比台北晚了近十年，其原因在此。

其后,外国速食如肯德基、温蒂、必胜客相继投入,不仅霸占台湾的速食市场,并且改变城市的早餐习惯,过去在家早餐吃稀饭,出外则烧饼油条和豆浆。这种烧饼油条来自青岛,最初经营者多山东老乡,于是有了兴于永和,二十四小时经营的永和四海豆浆店。后来永和豆浆扩及台湾各地,磨豆浆是个辛苦的行业,山东老乡凋零后,转为能吃苦耐劳的客家人经营,这是大陆饮食流入台湾后的一个很大的转变。烧饼油条和豆浆是台湾本土最早接受的外来饮食,现在又多了售汉堡和三明治及奶茶的"美而美"早餐店。"美而美"如雨后春笋街巷皆是,最令人忧心还是孩子们与后生嗜食麦当劳,他们吃这种外来速食都用手抓,怕真的有一天不习惯用筷子了。

就在这个时候,市上出现了蚵仔面线与油炸臭豆腐合售的小吃摊子。蚵仔面线源于泉州,在泉州称面线糊,是早餐消夜的小吃,泉州的面线糊与台湾的蚵仔面稍有不同,以面线糊作底,盛于小锅,下肉或肝肠腰,滚开即可,如广东粥制法,配油条食之,现在鹿港仍称面线糊。台湾的蚵仔面线则稍作改变,烧滚一汤底,将面线投入加芡粉拌和,然后将浆妥的蚵仔与煮熟猪大肠投入即可,不仅是台湾本土传统的小吃,也是现在普遍的大众食品。

至于臭豆腐,有的称深坑的臭豆腐原来是山水古法制作的豆腐,与现在市上机制豆腐不同。不过现在深坑已被污染，深坑的豆腐多来自石碇，但深坑的豆腐却成台北的名食。假日往深坑吃豆腐者，甚是拥塞。不过，过去深坑并没有臭豆腐。

中国各地皆有臭豆腐，而以长沙火神殿的臭豆腐最著名，因为毛泽东吃过这种外黑内白、皮脆馅软的臭豆腐而扬名。不过台北流行的臭豆腐则传自上海，源于宁波。当年宁波商人在上海经济势力雄厚，宁菜构成沪菜的一个重要的支流。臭豆腐也传到上海，挑担沿街叫卖，臭气四溢，过路者掩鼻，食者津津，点辣椒而食，以为其香臭。

宁波人嗜臭，除豆腐外，还有臭苋菜与臭冬瓜，臭冬瓜加麻油数滴食之，苋菜老梗腌臭后与臭豆腐合蒸，也是一绝。最初臭豆腐在台北，只有和平西路明星戏院旁的一家，南门市场有一光头老者所售臭豆腐最地道，后来江浙饭店必赠臭豆腐一份以为敬菜。然后由退役老兵挑担或推车沿街叫卖，并配以泡菜，于是臭豆腐这味小吃竟在台湾流行起来，现在更有专售臭臭锅的店，更甚者速食面也多了臭臭面一种，嗜臭之风之盛，甚于原来的宁波与上海，也是台湾饮食文化转变中的奇特现象。

蚵仔面线与臭豆腐同售，虽非绝配，却是奇妙的结合，象征着过去数十年本土饮食与外来饮食经过接触、混合，更进一步步入融和的发展阶段。蚵仔面线与臭豆腐的结合，无以名之，称之"和而不同"。"和而不同"典出《论语·子路》："君子和而不同，小人同而不和。"历来注疏家对于

"和"与"同"的解释集中于义利之辨。不过,在中国饮食文化领域,"和而不同"却是烹调理论最高的境界。具体表现在《左传·昭公二十年》,晏子以"和羹",向齐景公解释"和而不同"的意义:

> (齐景)公曰:和与同异乎?(晏子)对曰:异。和如羹焉,水火醯醢盐梅,以烹鱼肉,燀之以薪。宰夫和之,齐之以味,济其不及,以泄其过。君子食之,以平其心。

中国的饮食烹调是复式的,和西方单式的烹调不同。所谓复式的烹调,在烹调时味入所烹调物之内,所以特别注重五味调和,至于西方的烹调或烤或焗,食物不加味,食物上桌时,调味由食者自理。五味调和即晏子所言,"和如羹焉,水火醯醢盐梅,以烹鱼肉"。其味如何,则由一夫调和之,此即为和,如以向水煮物,不断加水烹之,则为同,其味单调,难以下箸。"和而不同"则是同中存异,异中求同,经过调和以后,形成另一种美味。蚵仔面线与臭豆腐同吃,其义即在此。

台湾过去半个世纪饮食文化的发展,由最初的两种不同的饮食相互接触,渐渐混合,经过融和后,进入和而不同的境界,反观我们的社会生活,仍停滞独孤一味、有志一同的喧嚣中,实令人叹!

出得门来人半醉

我"糊涂斋"壁上悬有立轴一幅：

莱茵佳酿水晶卮，耳热酒酣共论诗。
我致君歌同快意，相逢转恨十年迟。

秘方煮酒满庭香，袋鼠尾肥炖作汤。
出得门来人半醉，柏林郊外月如霜。

字是沈刚伯先生写的，诗是 1965 年他到德国柏林自由大学讲学时写的。字和诗同样潇洒，我尤其欢喜最后两句："出得门来人半醉，柏林郊外月如霜。"刚伯先生自由大学讲学一年，讲的是"中国文化史"，并写有讲稿。这可能是刚伯先生教书近一甲子，唯一写讲稿的一次。他上课没有讲稿，作学术讲演也没讲稿，如黄河之水天上来，滔滔不绝。胡适就说："沈刚伯了得，演讲不带稿。"

这份讲稿是英文写的，归国后于箧中被白蚁吞蚀殆尽，的确非常可惜。因为刚伯先生不设文字障，甚少着墨，晚年他做白内障手术，我接他出院，他坐在轮椅上说："现在眼睛整好了，可以述先圣之遗意，整百家之不齐了。"他准备写三本书，"中国文化""西洋文化史"和"中国史学史"，说到这里他哈哈一笑，说："最后可能一张稿纸也没有。"的确，最后诚如所言，没有留下一张稿纸。

德国讲学的讲稿被蚀，却留下这首诗，没有想到刚伯先生在万里之外的异域，竟然遇到这样一位雅士，煮酒论诗，酒逢知己，就觉得相见恨晚了。酒罢辞出，也许那是个秋夜，一轮皓月当空，西风吹着刚伯先生的华发和他的衣衫，此情此景不仅可以入诗，也可以入画。

刚伯先生是我的业师，那年台大历史研究所博士班初创，侥幸录取我一人。我的论文由刚伯先生、李玄伯先生、姚从吾先生共同指导，后来姚先生遽归道山，玄伯先生卧病在床，只剩下刚伯先生了。所幸这时刚伯先生卸下了二十五年文学院长的职务，少了俗务琐事，我有更多问道的时间，及和他共饮的机会。

刚伯先生善饮深识酒中之趣，但却不过量，一天他说："昨天和沈宗瀚开了一瓶黑走路，两个人分着吃完了。"这时两人都是近八十的人了，真是酒兴不浅。刚伯先生自幼就饮酒，辛亥革命之时，武汉时局动荡，刚伯先生随家避居宜昌，岁尽年逼、寒风凛冽的早晨，随他父亲买舟西上，入峡返乡度岁，刚伯先生在他的《辛亥革命前后的见闻》说：

刚走到寇莱公遇难处的黄魔峡，便遇大雪，时已小年，来往川鄂商运早停，本地人出外的也很少，我们走了大半天，竟未遇着一只别的帆船，好像整个峡江为我父子独有。真令人感到寂寞的伟大。转念一想，伟大似乎避不了寂寞，人若真"前不见古人，后不见来者"的境界，也就非怆然下泪不可了。

舟过鲤鱼潭，见有一小艇下碇滩头，一披蓑戴笠的渔翁正在船头"独钓寒江雪"，那种诗意画境使人俗念尽蠲。尤其有趣的是我们方过其旁，恰巧看到钓起一条重约两斤的鳊鱼，我们马上买来，催舟前进，至虾涪下，停舟取水，供炊晚饭。

在"千山鸟飞绝，万径人踪灭"，长江帆樯歇的时候，我们驾一叶之扁舟携匏樽以自随，汲亘古之名泉（蛤蟆的水曾经陆羽品为天下第四泉），享缩项之细鳞，更佐以刚采自葛洲坝落地即碎之黄芽崧，与新得诸城内之陈年"莲花白"，把酒尝鱼，真快朵颐。

饭后，依舷品茗，赏雪色，听滩声，远望三朝如故之黄牛似一旦突变之白犀；悟逝者之未往，知真体之永存，别有会心，怡然自得，殆飘飘乎若神仙中人矣。

这是篇充满着诗情画意，溢蕴着酒趣的文章，意境逸雅脱俗，我读过不少古人诗酒的文章，却很少有这样的境界。这境界只有在中国山水画中寻觅，而且这种孤寂的宁静的境界，却在漫天风雪和悠悠逝水中悄悄转换着，面对此情此景，唯有杜康了。

后来刚伯先生遵医嘱戒了烟，但酒还是喝的，家里壁橱中贮酒甚丰，有时兴起，坐在客厅里，一杯在手，慢慢啜饮起来，我在旁陪着也饮几杯。他一面啜饮着酒，以低沉的声音，缓缓地说些学林的轶事趣闻。有次他说到当年他们有个猴会，参加的都是台大同人，皆属猴，老猴大猴小猴一群，常聚会在一起喝酒。刚伯先生说："你别看钱校长（思亮）说话慢，喝起酒来很爽快，还有李济，他喝酒太理性，后来得了糖尿病，吃东西都要用秤来称，就不喝了。魏火耀能喝，有趣，但是最后总喝醉……"刚伯先生说魏火耀喝醉酒坐三轮车回家，却说不清家的详细地址，三轮车拉来拉去，拉了一晚上，只好将他拉到附近的派出所去，派出所值班警员认得他是台大医院的魏院长，才把他送回家去。

刚伯先生说到这里，使我想起翁廷枢来。翁廷枢比我高一届，是当年嘉义政坛名人翁钤的侄子。外文系毕业，留系任讲师，中英文俱佳，且有才情，兼任刚伯先生的英文秘书。翁廷枢是个好人，不知什么时候染上酒瘾，到最后每日必喝，每喝必醉，醉了就出言不逊骂座，我和他喝过几次酒，就是这样。

老翁因酗酒，干了多年讲师也没升等，朋友劝他到美国进修，但必须立下军状，到美国不能再喝酒。老翁到美国倒能修身养性，没事就钓钓鱼，却没有喝酒，不巧遇上蒋介石集团被逐出联合国，他一怒拍桌子说："妈的，美国人没搞头。"于是大喝一场，立即收拾行李回国，在纽约登机，海关说他行李过重，他指着两个箱子说，你要哪一个？就拎一个箱子回国。回到家按门铃，太太启门大惊："怎么不说一声就回来了！"

翁廷枢回来喝得比过去更厉害。有次他请刚伯先生夫妇，并约我们夫妇作陪，我们五人在云和园吃饭。云和园是家云南馆子，吃到最后一道是砂锅家常鳝鱼，喝到这时，老翁已喝得把持不住，开始说酒话，我立即起身送刚伯先生夫妇下楼叫车，请他们上车回家。然后赶上楼与妻扶持老翁下楼，送他回家。车到他家附近，我问："几巷？"老翁笑道："嘿嘿，不告诉你。"车在他家的那条巷子来回好几趟，他不是说还没到，就是说过了，最后终于找到他家，送到楼上。后来，老翁死了，可能是喝酒伤身。在一个凄风苦雨的上午，我去参加他的告别式，老翁潇洒有才情，没有想到走得那么孤寂悲凉。

后来，王家小馆开了，在过去羽毛球馆后面一家宾馆的楼下，是四十四兵工厂的员工出来开的。四十四兵工厂，员工多湖北乡亲。四十四兵工厂的旧址，就是现在的寸土寸金的信义计划区。王家小馆是家道地的湖北馆，其鱼杂豆腐、蓑衣牛肉、臭三鲜、珍珠丸子、剁鱼丸和其他蒸菜，还有豆丝、面窝、粑粑等小吃，都是刚伯先生的家乡俚味，陪沈先生出外小酌，又多了个去处。

279

一次在湖北小馆，刚伯先生一面手撕着主人送的烟熏咸鱼，一面啜着樽中的陈绍说："一样的酒有不同的喝法。但不能落俗。当年初到台湾，大家生活艰困，但却能苦中作乐，台静农他们就喝'花酒'，以花生米下酒。有时我经过他的研究室，也进去喝几杯。在座的除台静农外，还有屈一鹏（万里）、孔德成、郑骞。郑骞喝不多只陪着聊天，他们都是中文系的，历史系的夏德仪也常去讨酒吃。他们浅酌细语低笑，声不出屋外，虽是苦中作乐，其乐也融融。"

刚伯先生又说："当然，一样的酒，也可以喝出不同的人来。如果到饭店吃饭，就像小孩子一样闹起来了。台静农酒品好，酒量好，不争不吵笑眯眯的，可算是个酒仙。屈一鹏酒量也好，但要大家磨半天，才一杯下肚，所以大家称他是酒棍。孔德成有意思，先是彬彬有礼，到后来站起身，一手叉腰，一手指着对方，喊着：'你喝，你喝，你得喝！'颇有霸气，称为酒霸。我们的夏德仪坐下来就找酒喝讨烟抽，大家都叫他酒丐……"刚伯先生一面饮酒一面说着，真的是煮酒论英雄了。"还有个酒侠呢？"我问。刚伯先生哈哈一笑，饮下一杯酒，却没有答我。"谁的酒量最好？"我又问。"不在台大，是梅贻琦，他只喝酒，不闹酒，不论谁敬他酒，他都一饮而尽，真的是千杯不醉，可称酒圣。"日后我有机会得敬陪末座侍诸先生饮，诚如刚伯先生所言，但他们闹酒却不逞强，戏谑亦风雅，不似日后的那些后生喝得那么粗俗。

　　记得那年暑假，侍刚伯先生在福隆小憩，晚饭时，他兴致甚高，饮了些酒，黄昏时分，在海滨扶杖踏沙而行。后来他说这是他此生第一次赤足走路——也是一生唯一的一次。西天彩霞灿然，渔舟纷纷出海，海涛轻轻拍着沙岸，激起浪花朵朵，碧波深处，有数点渔火沉浮，海风习习，拂起刚伯先生萧萧白发，他御风而立，眺望海天，若有所思，真像他自己说的："悟逝者之未往，知真体之永存，别有会心，怡然自得，殆飘飘乎若神仙中人矣。"

记忆是把尺

记忆是把尺，丈量着走过的万水千山，衡度着以往的悲欢合离。只是年事越长，可惊异与激动的事越少，那把记忆的尺却越来越长了。

那日车过台大，司机突然发问："先生，你知道台北的水饺，哪家好吃？"此问甚是突兀，水饺与川味牛肉面，早已纳入民间饮食系统，种类繁多有售，只是要吃到像样合口的，却已难觅。我答："你说呢？你台北跑的地方多。"他用手向旁边的路一指，说："那边，大史。"接着又说："过去是手擀的皮，现在机制了。不过，馅还是一样。猪肉牛肉都好吃，而且便宜。"我说："大史吗？我吃过，只是很久没有去了。"

于是，晚饭我们去了大史。这一带我们是熟悉的。当年她读国防医学院，我念台大。常穿过北新铁路去找她，相伴到河畔看落日。北新铁路拆了，成了现在的汀州路，原来的水源车站也扒了，留下一大片空地，成了小吃摊集中的地方。入夜之后灯火灿然，热闹嘈杂起来，台大学生的生活也活泼丰富起来。后来,这里被学生吃出个"大学口"。

我在外漂泊了一阵,又回来教书,租的房子就在旁边巷子的大楼。赁屋在此,为的是上课方便,不会迟到,不过,也有例外。一日醒来,已是八点,离早课的时间只有十分钟。于是,披衣而起,抹了把脸,夹着讲稿,往学校跑,赶到后面新生大楼,已经上课了。我脑子一片空白,竟然记不起上课的教室,从走廊这头走到那头,每一个教室都有人讲课。最后看到一个教室似班代表的青年,在讲台上宣布些什么。心想就是这里了。

于是,推门走进教室,整个教室顿时静下来百只眼睛望着我。我捡了个前排的位子坐下来,向讲台上迟疑望着我的青年人说:"你讲,你讲完了,我再讲。"其实当时我的年纪也不大。于是那青年人滔滔不绝地讲下去,并且还在黑板上写了很多符号。我定下神来,发现他讲的是微积分。这才发现自己跑错了教室。我立即站起身来,说了声:"对不起,我走错了教室。"然后踉跄出门,身后响起一阵哄笑。这才猛然想起我的课在普通教室,不是新生大楼。

就这样,我在这个学校滥竽充数,误人子弟三十多年。三十年是一世,不是短时间了。如果合着初来的时候,当大一新生计算,我的学号是42届的,到现在恰恰五十年,五十年是半个世纪。五十年风云变幻,有许多的事都沉淀到历史里去了。我隐藏在这个宁静的角落,冷眼观察,人来人往,载沉载浮。的确有很多事可回忆的,虽有时我会离开这里，出外云游，最后还是回到最初起步原点。因此，这里是我生活的圈子，"大学口"是生活环节的重要一环，只是退休后这几年很少过来了。

一个学校附近，如果没有书店或饮食店，学校就像座冷清的庙，生活是非常寂寞和单调的，连翘课也没有一可流连的地方。离开之后，真的是春梦了无痕，连点可记忆的事物都没有。好在这里有个"大学口"，还可以捡拾到一些过去生活的碎片。

当年我初来的时候，当然没有"大学口"，走五步就可以过罗斯福路。有路八号公车可到市区，但却隔很久才有车来，等车一来，大家都喊"八路来了"，其名颇为敏感，因而改为四路。但四路又触及忌讳，于是四路改成零南路。就在公车改名的时候，"大学口"就出现了。

"大学口"出现的时候，大史的违建伫立在路旁了，记得门前还有棵树，现在那棵树，因为拓宽马路被挖了。老板是个四五十岁的山东老乡，他家的饺子个大，油大，皮薄却有咬劲，而价廉。除了饺子还有炸酱和打卤面大史也不错，面是自擀自切的。这里的饮食店开开关关，竟然撑到现在，真是异数。

我们进得店来，店里的陈设，一如往日那么简陋，两张木板桌子，靠墙搭着木板是散座。我们捡了进门的一张桌子坐下，要了三十个饺子，一半牛肉一半猪肉的，只是数量不像以前吃得那么多了，另外又叫一碗蛋花汤，结账只有一百二十元，真的价廉了。于是，我问灶上料理饺子的中年妇："大史开了这么多年，换过老板吗？"她说她不是老板，说着用手一指："是她。"我看过去，也是个中年妇人，正在案上切面。是的，大史已薪火相传到了第二代。只是在灯火辉煌的夜市里，显得有些单薄。

出得店来，就去对面的咖啡馆喝杯咖啡，没有登楼，坐在靠街的长几上，隔着落地的玻璃窗，看着窗外的街景。现在"大学口"夜市开始了，人车拥塞，看着许多年轻人在我们面前走过，他们喁喁相拥而行，或一群人相扶着向天狂笑而过，现在他们都年轻，没有什么可回忆的，正像我当年把酒瓶掷向蓝天的年纪。我看着对面的皮鞋店，当年是沙茶火锅的门面，突然想起店里的阿美来。那个胖胖的两眼灵活的小姑娘，非常讨人喜爱，每次去的时候，总是选几碟肥腻的牛肉给我们，于是我放下咖啡，问旁边的太太："阿美可能已经长大了。"太太笑道："岂止。"

平常的日子，平淡的生活，回忆都变得琐碎了。

吸烟室怀想

自航机禁烟，不再远游，后来更扩大机场全面禁烟，真是举步维艰。所幸法外施情，机场辟了吸烟室，使我们吸烟的有了个仰天长啸的空间。

一

吸烟是损人不利己的恶习，何时染上，已不复记忆，只是由来已久，积习难返了。

当年初到台湾，暂时无书可读，青黄不接，随表哥在嘉义喷水敲"袁大头"。所谓敲，是两枚银圆置于手心中敲弄，叮叮作响向人兜售，警察来时，脱了木屐，光着脚丫子奔窜。敲大头生意不恶，但货要到台南去贩。到台南贩货，宿于小旅馆中，坐在榻榻米上倚窗外望，窗外灯火灿然，熏风习习，伴着木屐声响，偶尔传来按摩断续的凄婉笛韵……这时表哥会燃着一支烟深深吸一口，然后再点一支递给我说："乖兄弟，呼一口。"我接过烟缓缓地吸一口，

286

喷出的烟氛，在昏黄的灯光下沉浮，似已身陷在另一个江湖中了。

后来考上学校，却因案入狱，先在嘉义，然后递解台北，我真的坠入江湖了。在嘉义拘留所的时候，晚上值夜的是个五十来岁，矮矮胖胖的巡佐，皮带系在肚脐下，笑起来露出两颗金牙。他来接班时已经微醺，从腰里掏出一包老乐园，每个号子分四五支，他一面分烟一面说："白天绝对不可，现在听到外面铁门响，马上熄掉，查夜的来了。"说罢，回到自己位子抽起烟来，我们号子的四五个难友立即聚起来开始吸烟。最初我不参加，但难友中有个臂刺青龙的老大，是民族路的角头，二二八时的突击小队长，杀过人。他看我年纪细细就犯案，有出息，将来出去后找他，一定有前途。如果说出来后去找大哥，说不定真有前途，甚于日后的青灯黄卷。他要我也来吸烟，于是你一嘴我一嘴轮番吸着，不分彼此，有同舟共济的感觉。

后来递解台北，同号难友有个博爱路布庄的伙计，白白净净的瘦高挑，斯斯文文的，但说起话来一口浓浓的威海腔，当时博爱路的布庄多是山东人开的。他因老板"犯案"被株连进来。所谓"犯案"就是后来所说的白色，而且多是大陆人。这也是我在大学住宿舍，很少和大陆同学共住一室。那伙计既然被株连进来，他老板就在隔壁号子里，每周店里给老板送两次饭，他也同等待遇。每次送饭必有银丝卷两条，撕开银丝卷内藏小锡纸一个，内裹香烟五六支，火柴十余根，磷片一块，自火柴盒取下的，设想非常周全，想是买通了才走得进来的。

夜深更静时，我们挤在监房的马桶边吸起烟来，当时的马桶倒是抽水的，我们将马桶洗刷得非常干净，因为大家从那里接水喝。但吸食的方法和嘉义不同，是将吸进的烟，吐在一个美丽牌香烟的铁罐里，将盖子盖紧后，再轮到第二个人吸。因为这样免得烟味扩散，而且白天烟瘾大的还可以启开盖子再深深吸一口。我们沉默地吸着，不时发出不出声的浅笑，共享着一个短暂欢愉的秘密。

蹲号子没有什么好想的，没有期盼，只有等待。倒是释放后，却被一种无形的恐惧紧裹着，有时在教室上课，走廊上有陌生人走过，就会有一阵心悸。走在路上突然回头，看看后面是否有人跟监。所以那年暑假有段很长时间，我定时定点到蓝潭去游泳，那里的蓝天碧水，山林郁郁，给我一个喘息的机会。我在家的居室四叠，临街。每当夜深人静时，有磨石灯的脚踏车从窗前经过，我就会从榻榻米上惊起，启开窗子一线外窥，长街寂寂，惨白的街灯下，有条拖着尾巴的狗走过。于是，我燃着一支烟在黑暗里吸起来。

事实上，这份黑资料一直跟着我，我在军中服役与初到社会工作，我的长官或上司曾用这份黑资料威胁我，做他们的爪牙，监视我的同袍或同事。但被我断然拒绝了，心想，我岂是背后放冷箭的人！

二

我吸烟也开始买烟了。

当时烟分五等，最上者为双喜，依次是新乐园、（老）乐园、珍珠和香蕉。我吸的是香蕉，这种烟叶梗细切卷成的香烟，既呛且辣。却是当时外销中南美赚外汇的香烟。事实上，当时经济窘困，烟酒公卖局却是岁收最丰的机构，公教人员的薪俸由此而出。所以吸烟的人，对台湾经济发展也曾做过贡献的。

从零用钱省下来，买包香烟，还可凑合，但藏烟不易。父亲将监督权交给母亲，母亲执法甚严，随时搜查衣袋和书包。一次临厕，母亲突然将厕门推开，骂道："死鬼，又吸烟！"我辩说没有，烟却从口中喷出，母亲说："没有？嘴里还冒烟。"我说是嘴里吐的热气。母亲说："胡说，大热天嘴里哪能吐热气！"有晚夜游归来，叼着香烟回家，家门前的路灯坏了，等我走到家门，父亲刚好站在黑影里，我立即转身回头就走，等我在外面转了几个圈再回家，刚进家门，母亲站在玄关上，劈头就是一巴掌，骂道："不学好，不上进，学吸烟！"

我的确不学好，不上进，高中临毕业终于留级了。留级虽然平常，却损了我年少英雄的颜面，而且父母的叹息，亲友的白眼，我似乎真的不堪造就了。因此颇能知耻，晚上和同病相怜的同学混了回来，就悄悄挑灯夜战，一盏昏黄的

289

灯，一本翻来覆去的破书，一支香烟相伴到黎明，我的夜读连住在楼上的父母也不知道，后来我侥幸考上学校，而且能考上"大学"，不仅许多人包括我自己都感到非常的意外。因为我们的姓少，报上放榜时只有名字没有姓，直到接到学校的通知，才肯定自己录取了。尘世功名虽然获得，但我却吸烟成瘾了。

到台北上大学，有更宽广的吸烟空间，但却遭遇新的限制。我谈恋爱了，女朋友非常反对我吸烟，常为这区区小事争吵。有晚漫步椰林大道，又起了争执。心想何必呢！于是将刚买的一包新乐园从口袋掏出来，决绝地丢弃了。并且说不抽了，不抽了。但等送她回学校，我又回到弃烟的原地，在黑暗中摸索，夜已深，除了小草上沾满凉凉的露水，什么也没有，我默默坐在石阶上怅怅良久。后来我们结了婚，她渐渐容忍我这种不良的嗜好，前些日子，她还说："想想也是，这些年你除了读书，嘴馋，也没有什么嗜好，只有这个坏习惯。"只是在她清理房间时，对我掉在地上的烟灰，仍有烦言。不过，我却感到深深抱歉，这些年她吸了不少我的二手烟。

毕业后服役，分发到马公海军军区服务。当时八二三炮战爆发，马公军区是海军的前线，运补备战，刁斗森严。我们部队的任务特殊，弟兄派到各舰艇服勤，留在岸上的都是老弱病号。我到任就代理指导官，上任指导官被弟兄们赶回左营了。所以在队上队长是老大，我是老二。当时吸的是军烟，军烟分为"八一四"和"七七"两种，我们吸"七七"，往往配量不足，还须外购。但季风来临，海上风浪过大，后方补给不到，我们就断了粮。于是，队长和我就将搜罗的烟蒂剖开，燃一小炭炉烘焙烟丝，然后加麻油数滴，卷而吸之，也是一乐。

所以，最初吸烟不拘品牌，当年在香港新亚研究所读书，后来又留所研究，有位学长不吸烟却搜集烟盒，常常晚饭后逛街，他指着烟摊的烟盒说："这个盒子我还没有。"于是我就买来抽，抽完将盒子给他。香港华洋杂处，世界各地的烟都有，最贵的和最便宜的鸡尾烟都抽过，所谓鸡尾烟是用不同的烟蒂混合卷成。吸烟是习惯，日子长了，变成生活的必需。那年我到日本京都人文研究所挂单，到达的第二天早晨出得学寮，独自到附近小街溜达，竟用学得的仅有的几句日语，买到了一包烟，心中大乐，这一年在异国，一半的生活解决了。

虽然，我抽香烟，但却不希望年轻的孩子误入歧途学抽烟，退役后我在台北乡下一个初中教书，不久又兼了训导主任，管理学生要务之一，就是严查学生抽烟。一次到福利社突查，抓到一个班上的学生抽烟，我将他带回来，吩咐班长到街上买两包双喜烟，并将两张课桌排在讲台前，我们相对而坐，教他抽烟，并向全班示范。我教他吸一口吞一口，这样三数口下肚，他就晕了，眼泪鼻涕横流。于是，他说："老师，我这一辈子不再抽了！"然后，我微笑走上讲台说："烟也不是这么好抽的。我不学好，不长进，染上这种坏习惯，才流落在这里，真的没出息。所以，希望你们绝不要走上这条路！"

真的是言教不如身教了。后来在大学滥竽充数，最初比较紧张，日夜备课，肠胃不适，日渐消瘦，体力不支，于是去看医生。医生说可能得了十二指肠溃疡，并且警告我说："不能抽烟。"说罢，他给了我支烟，我犹疑，他笑着说："刚刚医生讲的，现在是朋友给的。"我们很熟，他当住院医师时，我在他宿舍里抽着烟你追我赶地看武侠小说。后来他成了名医，济人无数。

因为得了肠胃病，有大半年的时间喝流质，到校上课，背着个太太冲妥牛奶的小暖瓶。在课上讲一段就坐下歇歇，喝一杯牛奶抽一支烟。自此我在课堂上也抽烟了。有次我正坐下来抽烟，突然发现阶梯教室后端在冒烟，有个小子竟然也在抽烟。寒假考试看过他的卷子，条理清晰，可教。所以开学后要他准备研究所。那时他还是大三的学生。后来他接受我的"熏陶"，三十多年一直维持着亲密的师生情谊，那年我退休，他集合几个被我熏陶过的弟子出了论文集，名曰《结网篇》。其中一个弟子说："每个星期一早上，老师上中国近代史学，下午上研究实习，往往是师徒相对，老师沉默吸烟，对话总断断续续。午后的文学院，老师在研究室抽烟的侧影，窗外天井的大榕树稀疏的影子和麻雀喞喞，成了我研究所三年深刻的记忆。"噫！香烟误我，我又误人。真是是非到此难梳理了。

三

年少不识愁，称烟是蓝色的悠悠，常有吐出烟圈，又吹散烟圈的惆怅，感叹人生如梦，梦似烟。后来走惯了风霜路，人生岂仅如梦似烟，更有盈缺炎凉，酸甜辣苦，行到此时，就想吸支烟。因为烟可遣忧抑郁，解乏去困，抗愤止忧，即使百无聊赖，一烟在手，任烟灰散落满怀，也是一种排遣。尤其人在长亭更短亭的逆旅之中，现在交通快捷，虽去天涯，也是朝发昼至，早已没有杨柳岸晓风残月的离情别绪了。但时空转换，人事难料，仍会有几许闲愁，这时更需一支烟了。前些时台北嘈杂，去了香江避静。归时机场候机，我又去了吸烟室。香港机场有大小不等的吸烟室散在各处，专为吸烟人准备的，我都去过，非常熟悉。

不过，我欢喜去的还是底层近咖啡座那个大吸烟室。吸烟室门向内开，很隐蔽，有幅巨大的落地窗，面向停机坪，可以看到蓝天白云和飞机的起降。室内很宽敞，散列着二十几张椅子，几张椅子前竖着一个烟灰缸，巨大抽烟机隆隆作响，不停地抽送室内缭绕的烟雾。我进得门来，虽然有被逐放被隔离的感觉，等坐下来吸一口烟，心情就平和下来。默默吸着烟，静静观察着四周。

吸烟室人来人往，川流不息，这些吸烟人风尘满脸走进屋来，有着前程未卜的焦躁和不安，等他们找个位子坐下，燃着一支烟深深吸一口，又缓缓吐出，情绪就渐渐安定下来。他们不分男女老少，肤色深浅，衣着华丽或简便，都比肩而坐。默默吸着烟，虽然有的结伴而来，同伙谈话也是低声浅笑，室内除了抽烟机声与墙外的喧嚣相较，是宁静的一隅。这些吸烟人都是匆忙的过客，来自山南海北，各人心里都有自己的一片江湖，但却在这里蜻蜓点水似的暂时留住了。我看见一个年轻的老外，一头蓬乱的金发，满脸络腮胡须，背负着沉重的行囊匆匆而来，坐下后从身上掏出支烟，竟没有带打火机，坐在他旁边的一位中国老者立即将自己的打火机递给他，他微笑着接过来，点着烟又微笑地还给那老者，真的同是天涯沦落人，相逢何必曾相识了。

台北机场也有间吸烟室，很小只有六七个位子，后来者只有倚壁而立，甚至站在门边吸起来。而且有落地玻璃窗向着走道，坐在落地玻璃屋里吸烟，过往者侧目，吸烟人似关在动物园的兽栏里。我们低头吸烟，抬起头来就看到对墙一幅禁烟广告，上写着"禁烟者赤，近烟者黑"，下面画四个红到黑的大嘴唇，吸烟人唯一一点尊严也被剥夺了。不知我们生活的这里，何时变得这么官派而且刻薄了。

糊涂有斋

电影里常见的一个场景，镜头由近拉远，人在镜头里，由大变小，由小而模糊，留下一片空寂，状似苍凉，行话说是为淡出。但淡出不是消逝，而是演员演罢一场戏，走下台来，变成观众，端看后来的人，如何接着演下去。

人生亦复如此，不论做什营生，干得如何红火，最后都必淡出。人生的淡出，就是退休。常言道，酒店打烊我就走。酒店打烊，即使不知明日酒醒何处，杨柳岸晓风残月，纵有柳丝千条，也系不得行人住，走，终归要走的。怕的是该走却不走；走了，又硬要回头，醉呓连连，使人生厌。

我们教书营生的人，走下讲台，不再误人，就是淡出。记得我教罢最后一堂课，对学生说，现在我教书生涯就要画下最后一个句点，就走下讲台了，虽然这个句点不怎么完美，但还是要画下的。学生乍听，一脸错愕，然后响起一阵掌声，我向他们一鞠躬，感谢他们的不弃，竟能容忍我这么久。然后我转身擦黑板，似雪的粉笔灰，纷纷飘落在我满头似雪的白发上，等我再转过身来，偌大的教室，已空无一人，只剩下站在讲台上的我。窗外日照正明，蝉嚣断续。是的，现在我真的淡出了。

教书就是这样，寂寞的独白，孤独的往来，单调平静平常，很难兴起波澜。于是，我下得楼来，拎了个便当回研究室，和往日一样扒食起来。然后回家。回到家后告诉太太，从此不再误人了。太太闻言，笑道："也好，既不出外误人，就在家自娱吧。"

在家自娱，我们教书营生的人，家里还有几卷破书，一如酒徒瓶中留有残酒，是可以在家自娱的。而且教书的人，平日欢喜讲给人家听，很少有时间反省自问的。讲给人听，美其名曰传道、授业、解惑。由于自己根底浅，何能传道。至于授业，也是知音少，弦断有谁听。不过，疑惑倒是有些。却不是为学生讲课解惑，而存在自己心中。因为教书必须备课，备课就得读书。虽然读来读去就是那几页，但每次读起来，都有不同的感受，兴起不同的疑惑。就像我当年刚进大学，鲁实先先生要我读《史记》，屈指算来，已经半个世纪了。以后教书每年都得读这部书。尤其这几年为了写《抑郁与超越——司马迁与汉武帝时代》，仔细再读。前几个月因为探索司马迁所谓六艺和六经之异，差一点坠入经学的旋涡，爬不出来。

这些年读书，心里的确存有许多疑惑，日积月累在胸中结了些茧，有时也想抽丝剥茧一番。但生性疏懒，想想就过去了。虽然每隔一段时间，又再想起，悔恨一番，甚至请太太的篆刻老师，刻了一方图章"恨不十年读书"，作为座右铭。图章刻了快二十年，该读的书，还是没有读。当年钱宾四先生隐居苏州耦园，耦园有个"补读旧书楼"。宾四先生就在楼上读书著述，我每次去苏州，都会去那里低回。"补读旧书楼"，的确是非常有意义的名字，旧书还没有补读完，如何能酝酿新知。而且所有的问题都从书中来，不是凭空的假设。在家自娱，就是青灯黄卷补读旧书，这样胸中结的那几个茧，不待抽剖，也该化蝶而出了。

于是，我的"糊涂斋"又在台北新张了。"糊涂斋"是我书房的名字。当年初到香港，寄居于窝打老道山的高楼上，也有书房，面对另一大厦的外墙。我面壁八年以后，迁入学校新建的宿舍。宿处背山面海，书房外望是个宁静的内海湾，有碧海青山蓝空。入夜之后，环海湾快速公路的雾灯燃起，黄色的灯影映在海里，伴着碧波中浮沉的点点渔火，的确是个可入渔樵闲话的所在。我拥书而坐，左顾右盼，觉得该附庸风雅，为书房取个名字。望着墙上悬挂的郑板桥"难得糊涂"的拓片，对在外面正在整理杂物的太太说："取名难得糊涂斋，如何？"太太闻言大笑："难得糊涂？你几时清醒过！"于是抹去难得，剩下糊涂，我便成了"糊涂斋"主人。

回到台北后，居处尚称宽敞，只是隔间太小，书房实在局促，难以周旋。许多书没有开封，束置高阁，等校的书撤退回来，就更拥挤了。太太见状说："难为你在这里一窝十年，都窝出病来了。不如另外找个房子当书房，你天天到那里上班，退而不休。"于是在居处附近赁得一公寓二楼，作为糊涂斋的所在。糊涂斋离家不远，出门不到三分钟，即有风雨也不必撑伞。但屋子非常残旧，租金却不低，不过委屈多年的书和资料，都可以罗列上架了。于是，不论风雨晴阴，我每天都到糊涂斋里坐坐，摸摸索索，或整理旧稿，或另撰新篇。三四年下来，出版了四本《糊涂斋史论稿》、五本《糊涂斋文稿》，尤其去年新出论饮食的《肚大能容》，颇脍炙人口，更得三联青睐，去年十月在大陆发行，至今十周，竟继续列于北京畅销书榜的前茅。而且钱宾四先生旧书新印的《论语新解》、顾颉刚先生的《史学入门》，一度也沉浮其中，北京人读书口味真的与他处不同。不过，后学竟能与前贤并驾，是以往不敢企望的。这都是"在家自娱"，老牛拉破车的成果，也是某种程度的自我肯定，说实在的，我的确比以往认真了。

所谓自我肯定，从我当历史的学徒开始，就在史学领域里拾荒，也快半个世纪了。现在蓦然回首，发现走过的旧时的蹊径，却留下新的脚迹。而且在前人丰收的土地上，捡拾了许多他们遗留的穗粒，现在该将这些穗粒穿成串了。但在穿引的过程中，却发现其中有我个人对历史的考察与体验。这些考察与体验形成的体系，经历长久时间的积累，而且几经转折逐渐形成的。其间虽然也曾作过某种程度的修正。但在修正过程中，却获得更多的自我肯定，所以对最初的基本的观念，并没有改变。作为一个历史工作者，从开始就学会对历史的独立与尊严肯定，也学会对个人独立思考与判断的坚持，以及对个人尊严与自我的肯定。因此在举世滔滔之中，一路行来没有改变，一如陈寅恪先生所说，没有"曲学阿世"。

一日糊涂斋闲坐，突接太太的电话，说要去看房子，我问干啥？她说："你也有年纪了，该有个自己固定的书房，不能老寄人篱下。对路面巷子的新大厦建妥，我们去选一层，算送给你的生日礼物。"于是我欣然前往，选了十楼的一个单元，套句香港卖房子的广告，边边向阳，甚是"光猛"，不似现在的书房那么幽暗。

签约后，太太开始忙碌了，由她设计监工，修整起来。三房两厅的房子不住人，以置书为主，四壁都是书架，主卧房是我的工作室，另置和室一间，客来饮茶，平时我可休息，但一面墙壁也是书架，准备放置饮食书籍及资料之用，到时我真的可以卧食天下美味了。

工竣，吉日迁入。我的存书本来不多，搬来百箱，很快就分类上架了。客厅书架空白的墙壁上，悬有沈刚伯先生和钱宾四先生的条幅，我从刚伯先生处习得"量才适性"，宾四先生教我对历史应怀有温情和敬意。两位先生对我做人处世和治学，都有很大的影响。还有太太画的国画"临流独钓"。当然，郑板桥的"难得糊涂"，挂在当中，客厅布饰倒也雅致。在书架罗列书籍间，放置着我搜罗的钟馗小摆件，泥塑、木刻、石雕皆有，其中有幅钟馗酒醉持剑的小画片，画虽不佳，画旁有题款："酒醉还有三分醒，各路小鬼勿乱来。"

我书桌临窗而设，对面墙上悬有傅抱石木版水印小品"桃林泛舟"一幅，淡淡几笔疏枝，上染桃红点点，人在舟中，舟在中流，颇有陶渊明的诗趣。画旁留白甚多，有很多可以想象的空间。工作室窗外不远有郁郁的小丘，青山上是蓝天，蓝天里有闲云。在山峦延伸处，有新建大厦数幢，入夜后灯火灿然，颇似香江某处，我在香港漂泊十四年，寄居于尘世之中，自逐于纷纭之外。现在已经淡出，更在纷纭外了。于是，我自言道，"噫！糊涂终于有'斋'了。"

后　记

　　往日教书读书，残卷孤灯，枯燥单调。偶有喘息，摸索饮馔，以为休闲，不意竟成了我正业外最繁重的外务。前承抬爱，出版《肚大能容》，颇适人口。现更辑旧作，兼有新探，勒成一书，以续前编，名曰《寒夜客来——中国饮食文化散记之二》，无他，怀想往日饮食境界而已。

　　再次承王世襄先生为本书题写书签，张充和先生、唐吟方小弟的画作使拙编生色不少，在此一并致谢。